U0335135

亲爱的数学

〔英〕
戴维·达林
阿格尼乔·班纳吉
著

肖瑶
译

WEIRD MATHS

AT THE EDGE OF INFINITY AND BEYOND

南海出版公司

新经典文化股份有限公司
www.readinglife.com
出　品

目 录

前言

数学是人类精神能创造出的最美丽、最有力量的事物。

——斯特凡·巴拿赫

当你深入了解万事万物，你会发现数学无所不在。

——迪安·施利克特

数学是奇怪的。在数学世界里，数字可以无限增长——“无限”还可以有诸多不同的形式。质数可以帮助蝉生存下来。一个（数学上假想的）球可以被“切割”，再“重组”成原来的两倍甚至几百万倍大的球，并且没有任何空隙。有一些形状，其分数维数和曲线能足足填满整个平面。在听一次沉闷的讲座时，物理学家斯坦尼斯瓦夫·乌拉姆写起了数字。他从0开始，按螺旋方式书写，然后圈出了所有的质数，发现大部分质数位于一条长对角线上——这个事实至今还没有被充分地解释。

我们常遗忘数学的奇妙，因为我们习惯把数学等同于在学校和日常生活中用到的数字计算。但出人意料的是，我们的大脑很擅长数学思维，如果我们愿意的话，也能够完成十分复杂和抽象的数学计算。毕竟，早在几万年或几十万年前，我们的祖先无须解微分方程和学习抽象代数，也能活得足够长，并把基因传给下一代。当他们寻找下一顿饱腹之餐或栖身之所时，沉思高维几何或者质数理论也没有任何帮助。但事实上，我们的大脑生来就有潜力去做这些事，并且随着时间流逝，还会发现数学宇宙中越来越多的真理。进化给了我们这项技能：但这是如何给的，为什么？为什么我们人类如此擅长做一些看起来只不过是智力游戏的事情？

数学其实与现实生活深深交织在一起。挖掘得足够深，我们就会发现那些看似构成物质或能量的细小单位（例如电子或光子）其实是非物质性质的概率波，而我们得到的只是一些“幽灵似的名片”——形式略复杂但很美丽的数学方程式。某种程度上，数学支撑着我们周围的物理世界，构建了一个隐形的基础设施。但数学又超离现实，进入可能性的抽象领域，也许永远在进行纯粹的思维练习。

在本书中，我们介绍了数学中一些不同寻常又妙趣横生的领域，包括那些即将出现的令人兴奋的新发展。某些情况下，它们与科学技术有些联系，如量子物理学、宇宙学、量子计算机学等等。在其他情况下，它们迄今还是对纯数学领域的研究，纯粹是对仅存在于头脑中的陌生世界的冒险。对这些内容，我们不会因为复杂抽象就选择回避。在向普通读者解释数学时，一个极大的挑战便是数学和现实生活距离太远。但最终，我们相信总能找到一些办法，将今天数学前沿领域探索的拓荒者们所做的事与熟悉的世界联系起来，哪怕我们的描述做不到像学者理想选择的那样精确。也许可以这样说，有些事情不论如何复杂晦涩，如果不能通过合理的解释让一个正常智力的人理解，那解释的人就要去提升自己的理解水平了。

这本书的写作有点不同寻常。我们中的一位作者（戴维）曾从事科学书籍写作达三十五年，写过许多关于天文学、宇宙学、物理学及哲学的书籍，甚至还写过趣味数学百科。另一位作者（阿格尼乔）是才华横溢的年轻数学家，IQ 超过 162 的神童。在写本书时，他刚刚在匈牙利完成 2017 年国际数学奥林匹克竞赛的备战。从十二岁开始，阿格尼乔就在戴维那里学习数学和科学，三年后我们决定一起写这本书。

我们坐在一起构思要涉及的话题。例如戴维想到了关于高维空间、数学哲学、音乐中的数学等，阿格尼乔则非常想介绍大数（他的兴趣领域）、计算法和质数等。从一开始我们就决定选择数学最不寻常、最奇特的一些领域来入手，并尽可能地与现实世界的问题及日常经验联系起来。我们还约定不因为某些话题晦涩难懂就回避它，而把它看成某种“真言”，你如果不能用通俗的语言去解释，那就是没有真正理解它。戴维主要负责各章的历史、文化和轶事方面，而阿格尼乔的主要精力更多放在技术层面。阿格尼乔对戴维写的部分进行事实核查，然后由戴维将各部分内容组合成书。这样的合作非常顺利！我们希望你能喜欢面前这本书。

致读者

浏览本书时，你可能会注意到一些数学符号，例如 x、ω 或者奇怪的 $\aleph$。你还会看到一些不经常出现的方程式，或者看起来不熟悉的符号组合，像 $3\uparrow\uparrow3\uparrow\uparrow3$（尤其是在关于大数和无限的章节）。即使你不是数学家，也别被这些符号吓到。它们只是概念的简略表达，我们希望能提前解释清楚，帮我们更快、更深地进入主题。作者之一戴维多年来曾单独辅导学生学习数学，他还没有见过哪个学生一旦有足够信心还学不好的。事实上，不管我们有没有意识到，我们每个人天生都是数学家。带着这样的信心，让我们开始冒险之旅吧……

第一章　现实世界背后的数学

奇怪的事情每天都在发生；也许最为奇怪的是，人类，这样一个与类人猿接近的物种，究竟是如何掌握数学这门学科的。

——埃里克·坦普尔·贝尔《数学的发展》

物理是建立在数学之上的，这并不是因为我们对物理世界有多了解，恰恰相反——我们了解的物理世界仅仅是它们的数学特征。

——伯特兰·罗素

过去的十万年，智人的智力并没有多大的改变。如果我们将孩子们从披毛犀和乳齿象仍然在地球上奔驰的年代带到现代的学校里，他们会成长得和典型的21世纪小孩一样好。他们的大脑能够吸收算术、几何及代数知识。如果他们愿意，还可以继续钻研，也许有一天会成为剑桥或哈佛的数学教授。

我们的神经构造让我们进化出了做高级计算的能力，以及理解集合论和微分几何学这类概念的能力。早在这些能力还没有使用时，就已准备好了。事实上，我们为什么具备这种与生俱来的高等数学潜力，它又没有什么显而易见的生存价值，这有点神奇。与此同时，拥有其他对手没有的智力、逻辑思考能力、提前计划和做假定推测的能力，也是我们这个物种能出现并延续下来的原因。我们的祖先没有其他动物的生存特长，例如速度和力量，只能被迫依靠智慧和远见来生存。逻辑思维能力成为我们一项强大的超能力，并由此逐渐发展出以复杂方式进行交流，用符号表示并理性地理解我们周围的事物的能力。

像所有的动物一样，我们在运动过程中实际上做着许多数学计算。如接球这样简单的动作（或躲避天敌和抓捕猎物）需要同时对各个方程进行高速求解。如果我们要一个机器人编制程序来做同样的事，计算的复杂性就会变得清晰。但人类的强大在于从具象转向抽象的能力——情境分析、假定推测和提前计划。

农业的出现需要人们准确地追踪四季变化，贸易和定居社区的出现则意味着要进行交易和记账。出于日历和商业交易这两项实际需求，人们必须发展出某种测量和计算，初等数学就这样产生了。其中一个产生数学的区域是中东。考古学家发掘的苏美尔人黏土交易代币可追溯到公元前8000多年，上面展示出苏美尔人已经在使用数字的雏形。但在早期，苏美尔人似乎并没有把这个概念与被计数的东西区分开来，他们用不同形状的代币来表示不同的物品，例如羊或油罐。当双方有许多代币进行交易时，代币封存在被称作“印玺”的容器中，只有打碎了才能看到里面有多少。逐渐地，人们会在印玺上标记出里面代币的数量。这种符号表现形式逐渐演变为一种书写的数字系统，而代币被广泛用来计算任何物品，最终演变为一种早期货币形式。同时，数字的概念从被计数的物体类型中抽离出来，例如5就是5，无论是指“5只羊”还是“5片面包”。

在这个时期，数学和日常生活的联系似乎很紧密。对农民和商人而言，计数和记账是非常实用的工具，既然这些方法有用，谁还管这一切背后是什么原理呢？简单的算术看起来是深深根植于我们的世界中的：一只羊加一只羊等于两只羊，两只羊加两只羊等于四只羊。没有比这更简单的事了。但是再仔细观察一下，我们就会发现有一些奇怪的事情发生了。在计算“一只羊加一只羊”的时候，我们假设两只羊是一样的，至少在计算时它们的任何差异都不重要。但事实上，没有两只羊是一模一样的。我们所做的是从羊身上抽象出它被感知到的特征——“同一性”和“分离性”——然后再用另一种抽象来处理前述的特征，我们称之为加法。这就迈出了一大步。在实际生活中，将一只羊与另一只羊相加可能意味着把它们放在同一片草地上。但实际上，它们是不同的羊；再仔细想想，我们对于“羊”的定义——就像世界上其他东西一样——并不是真的与宇宙中的其他部分分离开来。除此之外，尽管我们可以说出羊的一些特性，但物理学告诉我们，这不过是一些非常复杂的分子的暂时组合，还有一个事实令人稍稍感到不安，那就是我们认为是物体的东西（比如羊），是进入我们大脑的感官信号构建出来的，并且处在不断变化之中。然而在数羊时，我们选择不去考虑这些巨大的复杂性，更确切地说，在日常生活中甚至都意识不到它们。

在所有学科之中，数学是最精确、最稳定的。科学和人类在其他领域探索到的充其量是对理想的无限接近，并且总在随着时间不断改变。正如德国数学家赫尔曼·汉克尔所说，“在大部分学科中，一代人会推翻另一代人的成果，而一代人建立起来的又被另一代人推倒。只有数学，是每代人都在旧的结构上增加一段新的故事”。从一开始，数学就与其他学科有着难以避免的区别，因为数学始于我们大脑对事物的抽象理解，我们将这种理解视为事物不变的本质。在此基础之上，产生了自然数的概念，它是衡量数量的一种方式，也产生了数量组合的方式——加法和减法。我们认为，无论事物怎样不同，它们都可以被计算为“一个 / 两个 / 三个……”。因此，数学从一开始就具有这样永恒不变、坚不可摧的特征，而这也是它的巨大力量所在。

数学是存在的，这一点毫无疑问。例如毕达哥拉斯定理，某种程度上就是我们现实的一部分。但是当数学没有被使用或者没有用现实中的物质表示出来的时候，它在哪里呢？在被人发现的几千年之前，它在哪里呢？柏拉图主义者认为数学对象，如数字、几何形状以及它们之间的关系，是在我们、我们的思想和语言及物理宇宙之外独立存在的。它们具体存在于哪处仙境并不明确，但是人们普遍认为它们应该就在“宇宙的某个角落”。平心而论，大部分数学家都赞同这一学派，也相信数学是被“发现”的，而不是“发明”出来的。当然大部分数学家可能不会太在意思考数学存在的哲学，只是喜欢做数学，他们和大部分泡在实验室或解决理论问题的物理学家一样，不会去想很多形而上学的问题。尽管如此，事物的最终本质——还有数学的本质——仍然很有趣，即使我们永远无法得出一个最终的答案。普鲁士数学家及逻辑学家利奥波德·克罗内克尔认为，只有整数是天然存在的，或用他的话说，“上帝创造了整数，其他一切是人类创造出来的”。英国天体物理学家亚瑟·爱丁顿走得更远，他说：“数学是我们想象出来的。”数学究竟是被发明的还是被发现的，抑或是两者的结合？这场由精神与物质引发的争论将一直持续下去，最终可能没有简单的答案。

有一件事是清晰的：如果一条定理被证明为真，它便永远为真。这和个人观点或主观想法无关。伯特兰·罗素说：“我喜欢数学，因为它与人类无关，与这个星球或者整个偶然的宇宙也没有特定的关系。”大卫·希尔伯特也说过类似的话：“数学没有种族或地理的边界之分；在数学中，文化世界就是一个国家。”数学这种客观的普遍特性正是它的巨大魅力，但对训练有素的人来说，这并不会降低它在美学上的吸引力。英国数学家 G. H. 哈代说：“美是对数学的第一项考验：世上不存在丑陋的数学。”来自理论物理领域的保罗 · 狄拉克也表达了相似的观点：“基本的物理定律被描述为一种伟大的美和力量的数学理论，这似乎是我们大自然的一个基本特征。”

然而数学普遍性的另一面，让数学显得冷酷和乏味，缺乏激情和生命力。因此，我们可能会发现，尽管世界上其他智能生物可能与我们共享相同的数学体系，但这绝不是与之交流许多事情的最佳方式。搜寻地外文明计划（SETI）研究者塞思 · 肖斯塔克曾说，“许多人建议我们用数学和外星人交流”。实际上荷兰数学家汉斯 · 弗罗伊登塔尔已经设计出一套基于数学的语言体系——Lincos 宇宙语言。“但是，我个人认为，用数学的方式很难去描述‘爱’或‘民主’这类观念。”

科学家，当然也包括物理学家的最终目标，是将他们在世界上观察的万物都用数学的方式描述出来。宇宙学家、粒子物理学家等在研究中最开心的事莫过于测量和量化事物，然后发现这些数量之间的关系。数学是宇宙的核心，这一观点有着古老的根源，至少可以追溯到毕达哥拉斯学派的信奉者。伽利略认为世界是用数学语言写就的一部“鸿篇巨制”。更近一点，在 1960 年，匈牙利裔美国数学家及物理学家尤金 · 维格纳写了一篇名为《数学在自然科学中不合理的有效性》的文章。

在现实世界中，我们无法直接看到数字，因此不能立即感受到数学就在身边。但是我们能看到形状，行星与恒星的形状近似于球体、物体被抛出或在轨道上运行的弯曲路径、雪花的对称形状等等，所有这些都能用数字之间的关系表示。能转化为数学的还有电磁行为、星系旋转，以及电子在原子内的运动方式。这些模式以及描述它们的方程式，证实个体特有的事件，似乎呈现了我们所处的不断变化的复杂环境中隐含的深刻、永恒的真理。德国物理学家海因里希·赫兹首次确凿地证明了电磁波的存在，他曾说："人们无法逃避这样的一种感觉，即这些数学公式就像是独立存在的、具有自己的智慧一般，它们比我们更有智慧，甚至比它们的发现者更有智慧……我们从它们身上得到的东西比当初投入的要多。"

毫无疑问，现代科学是建立在数学这块基石上的，但这并不意味现实世界本身就完全是数学的。自伽利略时期开始，科学就将主观与客观或可测量的东西区分开，并且专注于后者。它尽可能排除任何与研究者有关的对研究结果的影响，只关注不受人类大脑和感情影响的东西。现代科学的发展方式几乎保证了它在本质上是数学的，但这也使得它留下了许多科学难以处理的难题，最明显的是人类意识的问题。也许有一天，人类能够建立出一个很好的全面模型来研究大脑如何工作，诸如记忆、视觉处理等方面。但是为什么我们还会有一种内在体验，还会有一种“某事即将发生”的预感……这仍然而且永远是传统科学和数学的盲区。

在数学与现实世界的关系这个问题上，一方面柏拉图主义者认为，数学是早已存在的一片土地，等待着我们去开拓；另一方面也有人坚持认为，数学是人们为了自己的目的在前进过程中发明出来的。两方的观点都有局限。对柏拉图主义者来说，他们很难解释像圆周率这样在物理宇宙或人类智慧之外的东西。而非柏拉图主义者则很难否认诸如无论我们有没有发明出数学，行星都会以椭圆形的轨迹绕着太阳运行这样的事实。第三种数学哲学学派介乎两者之间，其观点是，在描述现实世界时，数学并不像它被认为的那样成功。的确，数学方程对于告诉我们如何将宇宙飞船送入月球或火星，或者设计一款新飞行器，抑或提前几天预报天气很有用，但这些方程仅仅是对现实描述的粗略估计，并且仅适用于我们周围所有事物的一小部分，现实主义者会说，鼓吹数学成功时，我们低估了绝大多数的现象，它们过于复杂，无法转化成方程，或者本质上是无法用这种分析进行简化的。

有没有可能，我们的宇宙实际上并不是以数学为基础的呢？毕竟，我们生活的空间和其中的物体并没有直接向我们呈现出任何数学。人类将宇宙的各个方面进行合理化和近似化，以便构建一个数学模型。正是在这一过程中，我们发现数学能很好地让我们去理解宇宙。这并不一定意味着数学只是我们创造的一种便利工具。但是，假如数学本来就不存在于宇宙之中的话，那我们又是怎么将它发明出来，并用来理解宇宙的呢?

数学大致可以分为两个领域：纯数学和应用数学。纯数学只研究数学，而应用数学则将数学理论应用到解决现实世界的问题中去。然而，在纯数学中，许多理论研究往往看似不实用，后来证明是能给科学家和工程师带来惊人的帮助。1843 年，爱尔兰数学家威廉 · 哈密顿提出了四元数的概念——普通数的四维概括，这在当时没有实际用途，但在一个多世纪后，却被证明是机器人、计算机图形和计算机游戏发展的有效工具。在 1611 年，约翰内斯 · 开普勒首次解决了“三维空间中球体堆砌最有效方式”的问题，该方法如今已被人们用于如何在噪声信道中有效传递信息。最纯粹的数学学科——数论——大部分被认为没什么实用价值，却在安全密码的开发方面带来了重大突破。由伯恩哈德 · 黎曼创立的处理曲面的新几何学，在五十年后被证明是爱因斯坦建立的新引力理论——广义相对论的理想选择。

1915 年 7 月，史上最伟大的科学家之一爱因斯坦造访哥廷根大学，与同时代最伟大的数学家之一大卫 · 希尔伯特相见。接下来的 12 月，两人几乎同时发表了描述爱因斯坦广义相对论中有关引力场的方程。但得出这些方程本身是爱因斯坦的目标，希尔伯特则希望这一系列方程成为迈向更宏伟计划的基石。希尔伯特的热情，还有他大量工作背后的驱动力，是希望找到可能成为所有数学之根本的原则和公理。在他看来，一部分探索目标是要找到一套最小的公理集合，从而不仅能推导出爱因斯坦广义相对论的方程，还可以推导出物理学中的任何理论。而库尔特·哥德尔提出的不完全性定理削弱了这种尝试可能获得答案的信心，数学并不能解决所有的问题。我们仍然不确定，我们生活的世界的本质在多大程度上真的是数学的，还是仅仅在表象上可以用数学解释而已。

数学中的一整块知识可能永远不会投入使用，只能帮助开启更多的纯研究途径。另一方面，就我们所知，许多纯数学可能以意想不到的方式在我们的物理宇宙中展现，或者说，哪怕不是这个宇宙，也是在宇宙学家猜想的规模难以把握的多元宇宙中广泛存在。也许数学中真实有效的一切都能在我们现实生活中的某个地点、某个时间以某种形式体现。现在，让我们踏上一段忙碌的旅程，伴随人类大脑在数字、空间和理性的前沿进一步探索，经历一场奇妙而华丽的冒险。

在接下来的章节中，我们将深入探索数学中一些离奇、惊人又与我们所知的现实世界有着真实联系的领域。的确，有些数学领域看上去深奥难懂、异想天开，甚至毫无意义，像是一些奇怪而复杂的想象游戏，但数学本质上是实用之物，来源于商业、农业和建筑。它的发展方式已经远超我们祖先想象，但它的核心仍然与我们的日常生活有着密不可分的关联。

第二章　如何看到四维世界

弦理论最奇特的一个特征是，它的应用要求我们跳出生活的这个三维世界。这听起来可能像科幻小说，但弦理论数学告诉我们，这的的确确是事实。

——布赖恩·格林

我们生活在三维的世界中——有上下、左右、前后六个方向，或者其他三种彼此垂直的方向。一维的东西很容易想象，例如一条直线。二维的东西也不难，可以是画在纸上的一个正方形。但要在我们熟悉的维度之外再看到其他维度，该如何才能学会呢？这个与我们所知道的三维坐标相垂直的新方向又在哪里？

这些问题似乎是纯学术性的。如果我们生活的世界是三维的，那为什么还要去思考关于四维、五维甚至更多维度的事？因为科学若想解释在比原子还小的层次上发生了什么，就需要用到更高的维度。这些多出来的维度对理解物质和能量的整体结构可能至关重要。同时，更实际地来讲，如果我们能学会在四维世界里观察，就将获得一个能用于医学和教育的强有力工具。

有时，第四维度被当作是空间中额外方向之外的事物。毕竟“维度”这个词来自拉丁文 *dimensionem*，意思仅仅是“度量”。在物理学中，作为其他物质构成基础的基本维度包括长度、重量、时间和电荷。很多时候，在不同的背景下，物理学家说的是三个空间维度和一个时间维度，尤其是阿尔伯特 · 爱因斯坦提出，在我们所生活的这个世界中，时间和空间常紧密联系在一起，构成一个叫作“时空”的整体。然而，早在相对论出现之前，人们就已经推测，或许能在时间维度上前后移动，就像我们在空间中任意移动一样。H. G. 威尔斯在 1895 年出版的小说《时光机器》中举例，一个瞬间立方体是不存在的。我们之所以能持续看见一个立方体，正是因为立方体具有一个四维之物的横截面，包括长度、宽度、高度和持续时间。书中的时光旅行者说：“时间和空间里的三个维度并无区别，除了我们的意识会随着它移动。”

维多利亚时期的人们同样对时间是第四维度这个猜想充满兴趣，不论是从数学的角度，还是为了给盛行一时的唯灵论寻求解释。19 世纪末，许多人，包括像阿瑟 · 柯南 · 道尔、伊丽莎白 · 巴雷特 · 勃朗宁，以及威廉 · 克鲁克斯在内的杰出人物，都非常迷恋灵媒的主张并期望与死者交流。人们想知道，人死后是否会在一个与我们平行或复叠的第四维空间，这样他们的灵魂很容易就可以重新进入和返回我们的物质世界？

我们无法感知比三维更高的维度，很容易认为第四维度在某种程度上神秘莫测，或者与我们知道的东西全都不一样。但数学家在处理第四维物体或空间时并未感到困难，因为他们不需要通过想象四维物体实际长什么样来描述它的属性。这些属性可以通过代数和微积分计算出来，而不必在脑海中费力进行多维的想象训练。例如从圆开始，圆是由平面内到一个给定点（圆心）距离相同（半径）的所有点组成的一条曲线。它就像直线一样，只有长度（没有宽度或高度），因此是一维物体。想象一下，你处在一条直线上并受限于此，唯一的运动自由是沿着直线单向运动，这与圆是一样的。尽管圆处在一个至少有两个维度的空间里，但如果你在圆里面并受限于此，那么你的运动自由度与你在一条直线上差不多。你只能沿着圆来回运动，全然被束缚在单一维度的运动中。

不是数学家的人有时会认为，圆也应该包含它里面的空间。但这种“填充后的圆”对数学家来说根本不是圆，而是一个非常不同的物体，即圆盘。圆是一维物体，可以“嵌入”二维空间（平面）中（在一张纸上精心绘制的圆，是一个近似值）。圆的长度（周长），由 $2\pi r$ 算出，其中 r 是半径，圆所围成的面积是 πr^2。在圆的基础上增加一维，我们可以得到“球面”的概念。它是由三维空间中到一个给定点距离相同的所有点组成的形状。同样，外行人可能会将一个实际的球面（只包含二维的表面）和包括这个表面内的所有点的物体搞混。但数学家再次做出了清楚的鉴别，将后者称为“球体”。球面是可以嵌入三维空间的二维对象。它的表面积是 $4\pi r^2$，包含的体积是 $4/3\pi r^3$。因为普通的球面是二维的，因此数学家称它为“二维球面”，同样，一个圆可以采用相同的命名系统，称为“一维球面”。更高维度的球面被称作“超球面”。其中，最简单的超球面即“三维球面”，是存在于四维空间的三维对象。也许这有点难以想象，但我们可以通过类比来理解。就像圆是一条弯曲的线，普通二维球面是一个弯曲的表面，三维球面是一个弯曲的体积。采用直接的微积分，数学家可以用 $2\pi^2r^3$ 来表示这个弯曲的体积。它相当于普通球面的表面积，也被称为三次曲线超面积或表面体积。这个存在于四维空间的三维球面有四维体积或四元超体积，可用 $1/2\pi^2r^4$ 来表示。有了这些公式，计算三维球面不比计算普通球面或圆更难，而且我们不需要了解三维球面的实际情况是什么样的。

同理，我们很难想象一个四维立方体或称作“超正方体”的真实外观，但我们会看到，可以试着用二维或三维来再现。根据从正方形到立方体再到“超正方体”的直线推理，我们可以得出关于它的信息：正方形有 4 个顶点（角）和 4 条边，立方体有 8 个顶点、12 条边和 6 个面，那么一个超正方体应该有

16个顶点、32条边、24个面和8个“立方体胞”——相当于三维的“面”。最后的这个立方体胞给我们的想象造成了困难——超正方体有8个立方体胞，以这样的方式排列，构建出一个四维空间，就像立方体有6个面构成一个三维空间。

我们理解四维空间最好的方式，通常是与三维空间进行类比。例如，如果我们想回答“四维超球面穿过我们的空间时会是怎样的”，可以设想在三维空间里一个球面是如何穿过平面来获得一个印象。假设有二维物体占据了那个平面，当这些二维物体环顾四周——这是它们能做的全部——它们只能看到被理解为二维的图形，即点和长短不同的线。当我们的三维球面和二维世界接触时，它首先出现的是一个点，然后逐渐扩大成一个圆，其最大直径与球面的直径相等，然后这个圆又缩小为一个点并消失了。这样球面就穿过去了。同样，当一个四维超球面与我们的三维空间相交时，它从一个点开始扩展，像吹泡泡一样，逐渐膨胀成为一个最大尺寸的三维球面，然后缩小，最终消失。这个四维球面出现、膨胀和消失的神秘过程可能引起我们的好奇，但是究竟在额外的维度空间里发生了什么，隐藏着其真实本质，我们恐怕就不得而知了。

在我们的世界里，四维生物似乎拥有不可思议的魔力。例如，他们可以拿起右脚的鞋子，在第四维度里把它翻转过来然后再放回去，它就变成了左脚的鞋子。这似乎很难理解吧。试着想象一只二维的鞋，它就像一只脚或另一只脚的无限薄的鞋底形状。我们可以把一张纸剪出这样的形状，举起来，翻转一面，然后再放回去，这样我们就改变了脚部的方向。对于一个二维生物来说这似乎很不可思议，但对更高维的我们来说，这一技巧似乎显而易见。

理论上来说，一个四维生物在第四维度里能够将一个三维的人翻转过来，但是还没出现有人突然把所有东西左右对调的例子，表明这实际上并没有发生过。H. G. 威尔斯在短篇小说《普拉特纳故事》里对教师戈特弗里德·普拉特纳的遭遇有一段精彩的描写。普拉特纳在一次化学实验室爆炸之后，消失了九天。当他回来时，整个人实际上变成了他之前在镜子里的模样。但人们不相信他回忆自己消失时的遭遇的描述。在第四维空间中，如果人真的被翻转了一面，除了会对自己在镜子里不一样的容貌感到非常惊讶（人的长相非常不对称），对人的健康也是有害的。我们人体中许多重要的化学物质，包括葡萄糖和大多数氨基酸等，结构都不对称。以 DNA 分子为例，双螺旋结构总有明显的右旋趋势，如果这些化学物质的结构都被左右对调，我们很快就会死于营养不良，因为食物中的许多营养物质，不管来自植物还是动物，现在会以一种无法被我们身体吸收的形式存在。

数学家对第四维空间的兴趣，源自 19 世纪上半叶德国数学家费迪南德·莫比乌斯的著作。他最为人知的是对一种形状的研究，亦即以他的名字命名的莫比乌斯环。他也是拓扑学的创始人之一。正是他第一次认识到，在四维空间中，三维物体可以翻转成镜像。19 世纪下半叶，有三位数学家在多维几何新领域的探索中脱颖而出：瑞士数学家路德维希·施莱夫利、英国数学家阿瑟·凯莱和德国数学家伯恩哈德·黎曼。

施莱夫利的代表巨著是《连续流形理论》，他在开篇序言写道："本论文……是试图发现并发展一套关于 n 维几何分支的新分析，其中包括二维平面（n=2 时）和三维空间（n=3 时）的几何计算方法。"接着他描述了多边形和多面体的多维类比物，并称其为"多面体概形"。"多面体"这个术语首先由德国数学家赖因霍尔德·霍普创造，并由艾丽西亚·布尔·斯托特引入英国学界。布尔·斯托特是发明布尔代数的英国数学家、逻辑学家乔治·布尔和自学成才的数学家及作家玛丽·埃佛勒斯·布尔的女儿。

施莱夫利的另一个功劳是发现了更高维度的柏拉图立体。所谓柏拉图立体指的是一个凸出的形状（所有的角都朝外）具有规则的正多边形的面，并且每个角上有相同数量的面。柏拉图立体有五种：四面体、立方体、八面体、十二面体和二十面体。与柏拉图立体相对应的四维形式是凸出的正的四维多胞体（又称 *polychora*），施莱夫利发现了六种这样的多胞体，并以它们的多胞体胞腔数量命名。最简单的四维多胞体是五胞体，它有 5 个四面体胞腔、10 个三角形面、10 条边和 5 个顶点，可类比四面体；然后是八胞体，也就是超正方体；再然后是"翻倍的"

超正方体——十六胞体，将八胞体的胞腔用顶点替换，再将边用面替换即可获得，反过来也一样。十六胞体有16个四面体胞腔、32个三角形面、24条边和8个顶点，是四维的八面体类比物。另外两种四维多胞体是一百二十胞体，十二面体类比物；还有六百胞体，二十面体类比物。最后是二十四胞体，有24个八面体胞腔，没有三维对应形状。有趣的是，施莱夫利发现，在所有更高维度中，凸正多胞体的数量是相同的——只有三个。

通过凯莱、黎曼等人的努力，数学家们已经能够处理四维空间里的复杂代数，并且延伸到超出欧几里得几何的多维几何学。但他们仍然无法亲眼看见四维世界。试问，谁又能做到呢？这个问题引起了英国数学家、数学教师及科幻小说作者查尔斯·霍华德·辛顿的兴趣。在二三十岁时，辛顿曾在英国两所私立学校任教：先是在格洛斯特郡的乔汀汉学院，然后在拉特兰郡的阿平汉公学。那时，他的同事霍华德·坎德勒是阿平汉公学的第一位数学教授，也是作家埃德温·艾勃特的好友。正是在这一时期，1884年，艾勃特出版了讽刺小说《平面国：一个多维度的浪漫故事》，现在已成为经典。四年前，辛顿曾独自发表了一篇关于另类空间的文章——《什么是第四维度？》。在文章中，他提出这样一个想法：在三维世界中不断运动的粒子，可以被看作存在于四维空间中的直线和曲线的连续横截面。我们自己可能真的是四维生物，而“我们的连续状态就是穿过我们受意识局限的三维空间来传递它们”。艾勃特和辛顿之间关系如何，我们并不了解，但他们肯定知道对方的著作（并且在各自著作中也承认了这一点），哪怕只是通过共同的同事和朋友，他们也会有些往来。坎德勒也一定和艾勃特讨论过阿平汉公学的辛顿，那个公开谈论并发表关于其他维度研究的年轻教师。

辛顿此人不同寻常。他在英国教书时，娶了玛丽·艾伦·布尔，也就是上文提到的玛丽·埃佛勒斯·布尔（乔治·埃佛勒斯的侄女，世界最高峰珠穆朗玛峰就是以他的名字命名[①]）和乔治·布尔的长女。不幸的是，结婚三年后，辛顿又与在乔汀汉学院认识的莫德·威尔顿悄悄结婚，并育有一对双胞胎。辛顿这样的行为或许在一定程度上受父亲詹姆斯·辛顿的信念影响。詹姆斯是外科医生，也是一个崇尚一夫多妻制和自由恋爱的教派的领袖。不管怎样，辛顿被关进监狱几天，在老贝利法院被判重婚罪。此后他与（第一个家庭的）妻子和孩子逃往日本，在那里任教了几年，接着又成了普林斯顿大学的数学教师。1897 年，他在那里设计出一种棒球枪，装上火药后，射出的棒球速度高达每小时 64~112 公里。《纽约时报》在当年 3 月 12 日的头版写道："这是一门重炮，炮管约长 76 厘米，后座装有来复枪。"它最精妙的招数是投曲线球，是通过"两根安装在炮管里的曲杆"来实现的。普林斯顿大学九人队曾陆续使用几个赛季，后来因安全隐患放弃了。辛顿是否因它造成的伤害被解雇尚不

① 珠穆朗玛峰的英文名为 Mount Everest。——编者注

清楚，但他们并没有阻止他在明尼苏达大学再次引进这台机器。1900 年，他在那里短暂任教，后来去了华盛顿特区的美国海军天文台任职。

辛顿对第四维度的迷恋可以追溯到他早年在英国当教师的时候。那时其他的人在写关于第四维度的文章，并经常猜测它与唯灵论有着些许联系。1878 年，莱比锡大学天文学教授弗里德里希·策尔纳在《科学季刊》发表了论文《论四维空间》（由化学家及著名唯灵论学家威廉·克鲁克斯编辑）。策尔纳参考了伯恩哈德·黎曼的研讨会论文《论作为几何基础的假设》，并建立了坚实的数学基础。这篇论文发表于 1868 年，那时黎曼已去世两年，其中内容则是十四年前黎曼还是哥廷根大学学生时以讲座形式发表的。黎曼最初从他在哥廷根大学的导师、伟大的卡尔·高斯那里得到灵感——“三维空间可以是弯曲的（就像二维平面，例如球面）”——此后继续发展该观点，将空间曲率的概念扩展到任意数量的维度。这一结果被称为椭圆几何或黎曼几何，后来成为爱因斯坦的广义相对论的基石。策尔纳还借用了年轻的射影几何学家菲利克斯·克莱因 1874 年一篇论文中描述的观念——结可以被解开，环可以被拆开，只需将它们提升到第四维空间并翻转过来。通过这种方式，策尔纳为他解释灵魂为何存在做好了准备。如他所见，他认为，灵魂在更高的平面上可以完成许多不可思议的事情——特别是解结的技巧。他称自己在一次降神会中曾与著名的（事实证明完全是伪科学）

灵媒亨利·斯莱德一同见证过。辛顿像策尔纳一样倾向于认为，我们单纯的感知习惯将我们限制在三维的视角，而第四维可能就在我们周围，只要我们自我训练，就能看到。

虽然四维的事物很难想象，但要画出一个四维物体的二维草图并不难，尤其是辛顿命名的“超正方体”——这相当于立方体的四维模拟。先画两个正方形，稍微偏转并用直线连接它们的角。这可以想象成一个立方体的透视图，在我们脑海中，正方形在三维空间里被分割。接下来在它们的角上再画两个立方体。借由四维视觉，我们就能看到在四维空间里两个被隔开的立方体——实际上，这是一个超正方体的透视图。可惜的是，四维物体的平面图像不太能够帮助我们看清它们的真实面目。辛顿意识到，更有效地训练我们大脑看到四维物体的方法是建立三维模型，通过旋转看到四维形状的不同方面：这样我们至少可以看到一个真实物体的透视图，而不是通过一个透视图来看另一个透视图。为此，辛顿开发了一种复杂的视觉辅助工具，一套 1 英寸的五颜六色的木制立方体。一套完整的辛顿立方体包括 81 个 16 种不同颜色的立方体、27 个“平板”，用来模拟在二维空间里构建三维物体，此外还有 12 个彩色的“目录立方体”。他在 1904 年首次出版的《第四维度》一书中详细描述了通过精细的操作可以展示出超立方体各种横截面，然后通过记忆这些立方体及其许多可能的定位，打开一扇通往高维世界的窗口。

辛顿是否真的学会了在自己脑海中创造四维图像呢？除了

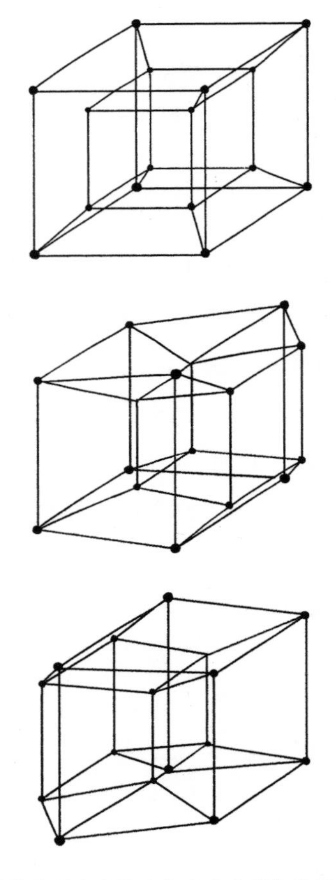

超正方体的旋转。传统的“立方体中包含立方体”的视角（上图）；超正方体稍微旋转了一些角度，内部的立方体开始移动，正朝着成为右侧立方体的趋势移动（中图）；超正方体继续旋转，内部的立方体逐渐靠近了右侧立方体原本的位置(下图)；最后,超正方体旋转一圈并回到起始位置。重要的是，在这个过程中超正方体并没有变形，我们看到的变化仅仅是因为观察视角的不同。

三维空间熟悉的上下、前后、左右之外，他能否看到另一维度里的 *kata* 和 *ana*——他对第四维度里两个相反方向的称呼，只有进入他的大脑才能知道了。当然，他并不是唯一对四维物体建立三维模型的人。辛顿将他建立的模拟立方体介绍给妻子的妹妹艾丽西亚 · 布尔 · 斯托特，她自己成了一位直觉型的四维几何学家，并善于用卡片模型来构建四维物体的三维横截面。问题是，通过这样的方法，一个人能发展出真正的四维视觉，还是只有理解和欣赏高维物体的几何的能力？

在某种程度上，看见一个额外维度物体的能力也许类似于能够看见一种此前未见过的新颜色。1923 年，法国印象派画家克劳德 · 莫奈在八十二岁时接受了手术，摘除了因白内障而恢复无望的左眼晶状体。随后，莫奈在艺术创作时选用的色彩从大部分的红色、棕色和其他大地色调变成了蓝色和紫色。他甚至重画了一些早期的作品，例如原来白色的莲花呈现出蓝色的色调——据说这表明他现在能看到光谱的紫外线区域了。另一个事实也证明了这一点。人类眼睛的晶状体会阻挡低于 390 纳米（十亿分之一米）的波长，它们位于紫色范围的远端，即使视网膜有可能检测到低至 290 纳米的波长，而这已经属于紫外线区域了。近来也有大量事实表明，小孩和老人由于晶状体缺失，能够看到光谱尽头的紫色以外的区域。其中一个记载详备的例子是科罗拉多州的退役空军军官和工程师艾利克 · 科曼尼斯基。因天然晶状体受白内障影响，他换了一个能传输一些紫外线的人工晶状体。2011 年，科曼尼斯基在惠普公司实验室使用单色仪进行了测试，实验报告显示他能够看到波长低至 350 纳米的深紫色，经过一些亮度变化调试，他甚至能看到紫外线光谱中低至 340 纳米的波长。

我们大多数人的视网膜中有三种视锥细胞——负责色觉的细胞。大多数色盲者和许多类型的哺乳动物，包括狗和卷尾猴，只有两种视锥细胞，所以能看到的深浅不同颜色的数量只有一万种左右，而其余的能辨别大约一百万种。然而，研究人员发现有些个体罕见地具有四种不同的视锥细胞。据估计，这些“四色视者”大约能比常人多分辨出近一亿种颜色的深浅，尽管每个人都很自然地认为我们看到的都是一样的。他们可能只是在没有经过特殊测试的情况下，才逐渐认识到他们具有这种超能力。

因此，在某些特殊情形下，人类有能力看到大多数人正常经验之外的东西。如果一些人能看到紫外光或比平常更细微的色度，那为什么不能看到第四维度呢？显然，我们的大脑可以适应处理我们平时不习惯接收的感官信息，也许就能够学会在脑海中制造出四维图像。

如今，由于计算机和其他高科技的普及，我们在可视化四维世界的投入上有了巨大优势。构建一个超正方体线框的动画模型，例如在一个平面屏幕上展示它的外观，让它随着旋转而变化，这很容易实现。尽管大脑仍会将我们看到的东西理解为一堆立方体相互连接的奇怪行为，而不是四维的事物。但我们可以得到一种印象：一些非同寻常的事情正在发生，只是无法用普通的三维术语来解释。我们现在拥有或即将拥有的科技，是否有希望带我们直接领略第四维度呢?

一个学派认为，尽管有人像辛顿这样声称对看见四维世界极具信心，但我们永远不可能真正看到四维世界，因为我们生活的世界是持续的三维，我们的大脑是三维的，而且进化让我们具备的理解能力是将接收到的所有事物都放在三维范畴中去认知。因此，绞尽脑汁也不可能将构成我们身体的粒子带入一个不同的存在平面。同样，也不可能有工程技术让我们造出四维的事物，比如一个真正的超正方体。但并不能阻止科幻小说家幻想一些糅杂了各种事件的奇怪混合体，而这可能会导致一个三维事物或系统自发地产生一个额外的维度。1941 年 2 月，罗伯特 · 海因莱因的《他盖了一所怪房子》首次发表于《惊奇科幻》，讲述一位建筑师设计了一座有八个立方体房间的房子，布局形似一个三维超正方体的网络。不幸的是，建筑完成后不久，一场地震让它变成了一个真正的超立方体，令那些第一次冒险穿过大门的人困惑不已。在《一条叫莫比乌斯的地铁》(1950) 中，波士顿的地铁网络变得异常复杂，以至于有一部分连带着一列满载乘客的地铁翻转到另一维度。但最终，所有乘客还是平安到达了预定的站台。小说作者是哈佛大学（地铁的一站）的天文学家多伊奇。小说以莫比乌斯环和克莱因瓶为主题，后者是只能在四维空间存在的单面形状。

艺术家们也尝试在作品中捕捉四维空间的精髓。在 1936 年的《维度主义者宣言》中，匈牙利诗人及艺术理论家查尔斯·托姆科·希劳托声称，艺术的演变已经使得“文学离开线性进入平面……绘画离开平面进入空间……而雕塑则超越了其封闭固定的形式”。西拉塔还说，将会有“征服四维空间的艺术，迄今为止完全是自由的艺术”。萨尔瓦多·达利 1954 年完成的雕塑作品《受难》将基督的经典肖像与展开的超正方体相结合。2012 年，在达利博物馆的一场演讲中，曾对达利的绘画给予数学建议的几何学家托马斯·班科夫解释了艺术家们如何试图使用“并超越三维世界中的东西……这要用到的技巧是同时绘制两幅透视图——两个叠加的十字架”。达利就像 19 世纪的许多科学家一样，试图通过探索高维空间的存在来合理解释唯灵论，用第四维的概念将宗教与物理世界结合起来。

21 世纪的物理学家有了一个对更高维度感兴趣的新理由：弦理论。在这些弦理论中，电子和夸克等亚原子粒子被认为不是点状的，而是一维振动的“弦”。弦理论一个最奇妙的特征是，为了在数学上保持一致，要求我们生活的时空中存在额外的维度。一种被称为超弦理论的变体，要求总共有十维空间；在此基础上扩展的 M 理论要求有十一维空间，而在玻色弦理论中，则要求有二十六维空间。这些额外的维度据说都是“压缩的”，这意味着它们的重要性只是在一个很小的范围内。也许有一天我们能学会如何将这些“压缩的”维度扩大或展开，或者观察它们真正的模样。但现在以及看得见的未来，我们仍将身处熟悉的三个宏观空间维度之中。因此，我们面临的问题依旧是：有没有办法能让我们在脑海中想象出四维物体的真实模样?

我们对世界的视觉体验来自光线进入眼睛，照到视网膜上并生成两个平面的图像。视网膜中的感光细胞产生电流信号，传输到大脑中的视觉皮质，在那里根据基本的二维信息构建三维图像。拥有两只眼睛意味着我们能以两个略微不同的角度看到物体，在我们幼年时，大脑就学会将这些理解为透视的差异，并由此建立一个三维视图。即使闭上一只眼睛，我们也不会突然将物体理解成是二维平面的。足够多的透视光照和阴影仍然能通过单眼视觉,增强我们在脑海中所看到物体的纵深度。同时，我们还能四处走动或转动头部来改变视角，并在此基础上获取听觉、触觉等感官数据，以增强三维的真实感体验。人类非常擅长通过这种方式来增加一个维度，我们在屏幕上看电影的时候，即使不借助 3D 技术，也会自行增加画面深度。

那么问题来了，如果我们能够在二维输入信息的基础上建立三维图像，可不可以用三维输入在脑海中建立一个四维图像?我们天然的视网膜是平面的，但是电子科技没有这样的限制。通过在不同地方设置足够多的摄像头或其他图像采集设备，我们能够从尽可能多的方向和视角采集图像信息。然而，光这样还不足以构建出四维视角的基础。一个真正的四维视觉者在观察我们这个世界的某件东西时，除了三维表面，应该还能同时看到实物内部的一切。举例来说，如果你将一些贵重物品锁在保险箱里，四维视觉者不仅能一眼看见保险箱的所有侧面，还能看见里面所有的东西（当然，如果他选择的话，也能伸手摸到并拿走这些东西）。这并不是因为他拥有 X 光一样穿透的视力来看穿保险箱的外壳，只是因为他能够多进入一个维度。就像在二维世界里的封闭空间，我们同样也有一种超凡的视觉。在纸上画一个正方形来表示一个二维的保险箱，在里面放上一些珠宝。一个存在于二维空间里的"平面国人"只能看到一个线条——只有保险箱外面的景观。我们从他的纸上世界的上方往下看，一眼就能看到构成保险箱的每一面和里面的所有物品，并能用手触碰到，把二维的珠宝拿出来。这会让"平面国人"感到神秘，我们是怎么看到保险箱内部或拿走珠宝的——保险箱上明明没有缝隙呀！同样，一位四维视觉者也能看到三维物体的所有部分，包括内部和外部，无论是房子、机器还是人体。

那么，如果我们想创造四维视错觉而不是四维视觉本身的话，有一个方法是拥有一个三维视网膜。它由许多层组成，每一层都能储存一个三维物体的独特横截面的图像。这个人造视网膜上的信息将被直接输入大脑，使他们能够同时获得所有的横截面，就像一个真正的四维视觉者能做到的那样。这样得出的结果并不是真正的四维图像，更像是我们从四维世界"向下"看一个三维物体所得到的图像。这可能有一些非常有价值的应用。其中，实现这个技术所要求的第一部分——三维视网膜——实际上已经以医学扫描仪的形式出现，它能够从二维切片建立起人体某部分的实体图。第二部分目前还在我们的能力范围之外，因为我们还没有足够先进的脑机接口，也没有输入视觉皮层所需的神经学知识，能让大脑对被观察的事物构建一个全视角的一次性图像。然而，“人类 2.0”可能在一二十年之后便会出现。未来学家雷·库兹韦尔相信，到 21 世纪 30 年代，我们就能用纳米机器人来强化我们的大脑。纳米机器人是与云端计算机网络连接的微小植入片。2017 年，科技企业家埃隆·马斯克创办了 Neuralink 公司，通过皮层将电极植入人类的大脑，与人工智能融合在一起。

除了准备相应的技术，并确保与大脑进行正确的连接外，我们大概还要经历一个漫长的过程，从根本上学习如何用新的方式在脑海中创造图像，而这种能力在医学诊断、外科手术、科学实验和教育领域的应用都将是极有价值的。

要让一个人在四维空间里体验看到一个东西非常难，因为它在我们的世界中并不真实存在，只能通过模拟来完成。也许对一个超正方体的计算机模拟——像辛顿使用的那样——是最简单的开始。当我们看到一个超正方体的三维模型时，看到的只是真实四维形状的一个方面或一个投影。要想看到它的四维全貌，需要在脑海中将多个超正方体的投影同时无缝衔接在一起。同样，即使所有的必备技术与神经连接方式都已到位，可能也要训练一段时间才能达到我们想要的效果——让大脑中的四维图像自然而然地“蹦”出来。这听上去在理论上是可行的。借助计算机技术的帮助，脑海中用大量三维图像合成四维图像，我们也许就能真正看到四维世界是什么样子了。

数学能帮助我们深入探索一些仅仅靠想象力无法到达的领域。它带我们超越了天生就能感受到的三维世界，所以我们可以详细地了解四维及更高维度的事物的特质。这使我们在科学研究的道路上继续前进，以便在亚微观层面和宇宙层面去了解宇宙。但更重要的是，它提供了研制工具的可能性，让我们可以对超越第三维的世界可视化。

第三章　概率很奇妙

在我看来，生活的大部分都由纯粹的随机性决定。

——悉尼·普瓦捷

世界上的许多事情看上去完全不可预料。我们谈论“天灾”“在错误的时间出现在错误的地点”或者“侥幸”。我们身边发生的许多事似乎是由“缘分”“好运”“厄运”支配的。幸好有数学，我们有了一种工具，能透过明显混乱的迷雾，在看似难以预测的种种事件中找到一些规律。

你知道吗，彻底洗牌后，你很可能做出了一些独一无二的事情。几乎可以确定，这个世界上从来没有人拿到过你摆上去的特殊排序的牌。原因很简单：52 张牌的排列方式可以有 $52 \times 51 \times 50 \times 49 \times \cdots \times 3 \times 2 \times 1$ 种，总和是 8×10^{67} 种，或者说是八百亿亿亿亿亿亿亿亿种纸牌排序。假设现在地球上所有活着的人从宇宙开始起，每秒钟洗一次牌，也只能洗 3×10^{27} 次牌，与上面那个数字相比，实在是太小了。

尽管总共有 8×10^{67} 种可能性，但也有人声称现实生活中发生过这种情况，即洗牌后的牌序正好和拿到的新牌一样。实际上，这种概率比出现其他牌序的 8×10^{67} 分之一的概率大得多。当一副纸牌刚拆开包装时，有四种花色：红桃、梅花、方片、黑桃（花色不一定按此顺序），从 A、2、3 排列到 J、Q、K。如果一个专业发牌手能毫无差错地洗牌等分，并完美交错在一起，那么这副牌在八次完美的洗牌之后，顺序就能像最开始一样。正因如此，赌场在洗新牌时经常采取小孩子的方式——“清洗甲板”：将牌全部摊在桌上，然后随意调换顺序。要达到这种程度的无序，至少需要七次良好但不完美的洗牌。这样，结果会有相当大的随机性，换句话说，你看到这副牌中的任何一张，使用任何可用的公平手段，预测到下一张牌的概率非常接近 1/51。但是，这个牌堆真是随机的吗？随机是什么？完全随机的东西有可能真正存在吗？

随机或完全不可预知，这种概念和人类文明同样久远，甚至可能更长。掷硬币或者掷骰子“随机”决定结果，显然是我们今天常用的方法。早在古希腊，人们会在赌博游戏中掷距骨（*astraguli*），也就是山羊和绵羊的膝关节骨。后来他们也用普通形状的骰子，尽管骰子最初源自哪里还不明确。据说在五千年前，埃及人在塞尼特棋盘游戏中就使用过骰子。《梨俱吠陀》这部可以追溯到公元前1500年左右的梵语吠陀文献，里面也提到了骰子。更早可以追溯到公元前24世纪，美索不达米亚的一座墓中也发现了骰子游戏。希腊的魔方是正方体，每一面分别写了数字1到6，但直到罗马时期，才第一次出现我们今天使用的那种骰子，即相对的两面数字之和为7。

花了很长时间，随机性才被数学家注意到。在此之前，它主要被认为属于宗教范畴。在东西方的哲学中，许多事件的结果被认为是由神或其他超自然力量决定的。中国的《易经》是一套占卜系统，植根于对六十四个卦象的解释。有些基督教徒将决策建立在相当简单的方法上，即从《圣经》中抽麦秆。这些早期的信仰固然很吸引人，但是它们产生了一个不幸的效果，就是极大地推迟了人们理性的尝试，没有认真处理随机性这件事。毕竟,如果事物最终是在人类理解之外的某个层面上决定的，那为什么还要费心去逻辑性地思考事情为什么会这样发生呢？为什么要试图弄明白是否有自然规律操纵结果的可能性？

很难相信古希腊或古罗马那些使用距骨或骰子的人没有一定的直觉，至少对于投掷出的某些结果是有倾向的。通常来说，当赌博涉及金钱或者其他物质利益时，赌徒和其他感兴趣的人都会迅速将这个游戏研究到精通。因此，人们对于赔率的直觉感受似乎可以追溯到几千年前。但是对随机性和概率的学术研究，要等到17世纪和文艺复兴后期才开始。在此期间，充当先锋的开拓者是法国数学家和哲学家布莱兹·帕斯卡尔（他也是虔诚的詹森派信徒）和他的同胞皮埃尔·德·费马。这两位伟大的思想家解决了这个问题。简单来说，可以这样表述：假设两人玩掷硬币的游戏，先得到 3 分的人会拿到一大笔钱。当一人拿到 2 分领先时，游戏被打断，此时如果两人来分钱，应该如何分配？在帕斯卡尔和费马之前，很多人想了一些可能的解决方法。有人提议，钱应该平分，因为游戏中途被打断，结果还是未知的。但这对于得到 2 分的人来说似乎不公平，他理应因为领先而得到多的奖金。另一方面，也有人提议将钱全都给领先的人，但这样对只得 1 分的人也不公平，如果游戏继续他还有胜出的机会。第三种解决方法是按照两人已得的分数来分配，那么领先者得到这笔钱的 2/3，落后者得到 1/3。这个方法表面上看似乎很公平，但也存在一个问题。假设比赛被打断时比分是 1∶0，这种情况下，如果采取同样的规则，则得到 1 分的人将拿走全部奖金，另一人本有可能获胜，却一无所得。

帕斯卡尔和费马找到了一种更好的解决方法，同时开启了数学的新分支。这个方法是计算每个人胜出的概率。得到 1 分的人如果要胜出需要再得 2 分，其概率也就是 1/2 乘以 1/2，即 1/4，因此落后者应该得到奖金的 1/4，剩下的应该归领先者。这个方法也可以应用于所有类似的问题，只不过计算会更复杂。

在研究这个问题时，帕斯卡尔和费马想到了一个叫作期望值的概念。在赌博游戏或任何涉及概率的情境里，期望值是你可以合理地希望获得的平均值。例如，假设你正在玩一个掷骰子游戏，如果你掷到3即可得到6英镑，这个游戏的期望值就是1英镑。因为在1到6中掷到3的概率是1/6，而6英镑的1/6是1英镑。如果你玩的次数足够多，那么平均下来每玩一次游戏就能赚到1英镑。例如你玩了1000次，那么平均所得将是1000英镑。如果你每局游戏支付1英镑，那最终刚好不赚不赔。要注意的是，1英镑的期望值并不是说每次玩游戏一定能保证获得1英镑。你不可能一直在一局游戏中完全赢得期望值，但如果你玩的次数足够多，期望值就是你能期望在游戏中获得的平均值。

一般来说，彩票的期望值是负的，所以从理性来看，不应该去尝试这类游戏（在某些特定彩票金额顺延期间，根据彩票的情况，偶尔可能会有一个正的期望值）。赌场游戏也是这样。很明显，赌场也要赢利，但有时候也会因为计算上的一点差错而赔钱。曾有一个案例，一家赌场改变了二十一点游戏中一个结果的赔率，意外让期望值变成了正的，结果几小时内赌场就损失了一大笔钱。只有充分掌握数学中的概率论，赌场才能生存下去。

有时候，一些很不可思议的巧合会让人们怀疑是不是发生了什么有趣的事情，一个人可能中了两次国家彩票，或者可能在不同的抽奖中抽到同样的数字。此时，一些媒体便蜂拥而至，大肆渲染这样的巧合，但事实上大多数人并不擅于探究这类事件发生的概率，因为我们一开始就对概率有些错误的观念。就拿一个人中两次相同的彩票来说，很多人自然而然地代入了自己，设想“我获得两次彩票的概率有多大”。很明显，答案是非常小。然而，那些罕见的中两次彩票的人很可能持续买了很多年彩票，而在此期间，任意两次的中奖就没那么引人注目了。更重要的是，还要考虑总共有多少人在买彩票。大部分人连一次头奖都中不了，更不要说两次了。但是，由于这些人的参与，有人在某个地方中两次奖就变得不那么稀奇了。

这听起来似乎是违反直觉的，那是因为我们倾向于从个人的角度来考虑。当然，我们每个人“自己”中两次头奖的概率是极小的，但要考虑到“某个人”中两次奖的概率，你就需要把这个概率和总参与人数相乘，正是人数众多降低了这些可能性，还要算上一个人可能中两次奖的多种方式（基本等于一个人参与抽奖次数的平方的一半）。经过这些计算后，某个人在某个情况下中两次奖的概率就会显得合理一些。

对于概率的错误估计是因为没有考虑到一个事件的所有可能性，这也是所谓的“生日悖论”（严格来说并不是一个悖论）背后的基础。当23个人在同一个房间中，其中两个人生日相同的概率超过50%，但看上去可能性要比这小得多。你也许会想，如果23个人中就能找到匹配的人，那么我们都应该至少认识几个和自己生日相同的人，然而当这种情况发生时我们总是感到惊讶。但生日悖论并不是去问房间中某一个人（比如你）能够找到一个生日相同的人的概率有多大，而是任意两个人出生在同一天的概率有多大。换言之，问题不在于特定的两个人生日相同的概率是多少，而是所有来自不同的可能组合的人中，任意两个成为生日伙伴的概率是多少。这个概率是 1–(365/365 × 364/365 × 363/365 × ⋯ × 343/365)=0.507 或 50.7%。如有小组有 60 人，生日匹配的概率可以提升至 99% 以上。相比之下，若要求“你”找到生日相同者的概率达到 50%，则需要 253 个人在场。

这个问题看起来有违直觉的一个原因是，我们倾向于把两个独立的问题混为一谈了。大多数人对 253 个人的了解还不足以知道他们的生日，因此似乎不太可能会有人随机和其中一个人共享生日，但这并不意味着另外两个人共享生日也不太可能。

不仅概率的概念看起来有违直觉，就连定义随机性也是如此。例如，在以下两个用掷硬币的正面（H）和反面（T）组成的序列中，哪一个看上去更随机？

H, T, H, H, T, H, T, T, H, H, T, T, H, T, H, T, T, H, H, T

还是

T, H, T, H, T, T, H, T, T, T, H, T, T, T, T, H, H, T, H, T

很多人也许会选第一个序列，因为它的正面和反面排列得很均匀，没有明显规律。第二个序列的反面（T）出现次数失衡，同一个字母出现的时段更长。事实上，第二条是本书作者之一阿格尼乔用随机数字生成器生成的序列，而第一条是他故意编造的，看起来像一个人想写出的 H 与 T 的随机序列。人们书写时会有意避免同一个字母连续出现，并故意让两个字母平衡，反复切换，但其实这并不是纯粹随机序列状态。

那么这个序列呢：

H，T，H，H，H，T，T，H，H，H，T，H，H，H，H，T，H，T，T，T

这个序列看起来是随机的，用统计学的方法来理解这个序列会得出这样的结论，它不是人造的序列。实际上，这是由圆周率的小数点后面部分（去掉最初的 3）组成的序列，H 代表奇数，T 代表偶数。那么，圆周率的数是随机的吗？严格来讲，不是，因为小数点后的第一位永远是 1，第二位永远是 4，第三位永远是 1，以此类推，不管产生多少次，仍然是同样的一串序列。如果某个事物是固定的，不管我们选择何时看它都是同样的，那它就很难是随机的。但数学家们确实想知道圆周率的小数部分在统计学上是否是随机的，即分布很均匀：所有数字出现的概率均等，所有两位数字组合出现的概率均等，所有三位数字组合出现的概率均等……如果真是如此，那么圆周率可以被称为一个十进制的正规数[①]，这也是绝大多数数学家相信的。也有人认为圆周率是一个绝对正规数，这意味着它不仅在十进制数字的统计学上是随机的，在二进制数字上也是随机的。假如圆周率的二进制数字只用 0 和 1 来表示，那三进制的数字只用 0、1 和 2 表示，以此类推。数学家们已经证明，几乎所有无理数都是绝对正规数，但结果是，要找到具体情况下的证明却非常难。

第一个已知的十进制的正规数的例子是钱珀瑙恩常数，得名于英国经济学家及数学家戴维·钱珀瑙恩。他在剑桥读本科时就写文章讨论过这个常数的重要性。钱珀瑙恩发明这个数字是为了证明正规数可以而且确实存在，同时也说明构建一个正规数是多么容易，他的常数是由所有连续的自然数组成的：0.1234567891011121314……因此包含了所有可能的数的序列，并且比例相等：每十位数中有一个 1，每一百对两位连续数字中有一个 12，以此类推。尽管钱珀瑙恩常数在十进制中是正规数，但是它在产生看似随机的序列方面显然非常糟糕，换句话说，缺乏任何可识别的模式或可预测性，尤其是在数的开头。而且我们也不知道它在其他进制中是否也是正规数。其他已被证明的正规常数是存在的，但就像钱珀瑙恩发明的常数同样是人为造出的正规数，而圆周率在任何一种进制中是不是正规数尚有

① 正规数：数字显示出随机分布，且每个数字出现概率均等的实数（有理数和无理数的总和）。“数字”指的是小数点前有限个数字（整数部分），以及小数点后无穷数字序列（分数部分）。——译者注

待证明，更别说证明它是一个绝对正规数了。

就在此书写作时，圆周率已知能算出22,459,157,718,361位的小数位，即大约有22万亿位。当然，我们未来还能计算出更多的位数，但我们已经知道的那些数字，不管计算多少次都不会改变。圆周率的已知数字是数学宇宙中确凿事实的一部分，因此不可能是随机的。但那些还未计算出的数字呢？假如圆周率在十进制下是正规数，那它在统计学上仍然是随机的。换句话说，如果有人想让你列出1000位的随机数列，那么造一台计算机来计算圆周率目前已知数字后面的1000位，并使用这些数字作为随机数列，就是一个有效的回答。如果再需要1000位随机数列，你可以继续计算下一个（之前未知的）1000位数字。这就提出了一个有趣的哲学问题，关乎数学的本质。在多大程度上，我们还没有弄清楚圆周率后面尚未算出的小数位是真实存在的？尽管我们还不知道圆周率的第亿亿亿位数是多少，但很难说它不存在或没有一个特定的固定值。但在计算机所经历的漫长的计算结束、突然触及它们的值以前，它是以何种意义或形式存在的呢？

插句题外话，值得一提研究学者戴维·贝利、彼得·博尔维恩和西蒙·普劳夫在1996年的一个发现。他们创立了一个相当简单的计算无限序列之和的公式来计算圆周率，能够精确到任何一位而不用知道前面的数字。（严格来说，以这三个人命名的公式计算出来的数字是十六进制，而不是十进制的数字。）乍一听非常不可思议，当然也让其他数学家很吃惊。更重要的是，运用这个公式来计算圆周率，即使是用一台普通的笔记本电脑来完成十亿位以后，时间也比去餐馆吃顿饭还少。贝利－博尔维恩－普劳夫公式的变形可以用来寻找圆周率这样的“无理数”，这些数字的小数部分可以无限延续下去，而且不重复。

纯数学中是否存在完全随机的东西，这的确是个问题。随机意味着完全没有模式或可预测性。一件事只有在未知情况下才不可预测。此外，也没有依据能判定它出现的一个结果胜于其他结果。数学本质上是存在于时间之外的，换句话说，它不会随着时间改变或进化，唯一改变的是我们对它的了解。另一方面，现实世界确实是不断变化的，而且经常以乍看上去不可预测的方式在变化。掷硬币被看作充分不可预测的事件，因此往往被用来当作常识，在只有两种可能性时，它被认为是一种公平的决策方式。但它是否真的是随机的呢？这取决于已知的条件。对于任何给定的投掷，假设我们能知道硬币抛出时具体所受的力和角度、旋转速率、空气阻力等，便能够（在理论上）准确预测出它落地时哪一面朝上。同样，扔一片涂了黄油的面包也是如此，只不过在这种情况下，我们有证据支持悲观主义者的观点，即有一半以上的时间是涂了黄油的那一面会朝下落地。实验能够证明，如果面包被抛到空中——这只会发生在实验室里或食物大战时——它以混乱的方式落下的概率是 50%，但如果面包从桌上或厨房柜台上滑落，或者从盘子里掉落，常常更可能是有黄油的一面着地。原因很简单：通常面包意外掉落的高度大概在腰部上下一英尺的位置，面包下落时有足够的时间翻转半圈，如果按照习惯的那样，黄油朝上，它更有可能着地后给地板留下黄油污渍。

大部分物理系统都比下落的面包更复杂。而且，让情况变得更复杂的是，有些系统是混乱的。因此，初始条件稍有一丝变动或干扰，可能就会彻底改变接下来发生的一系列情况。天气就是这样一个系统。在现代天气预报形成之前，谁都可以猜到第二天的天气。气象卫星、地面精准仪器和高速计算机已经改变了预测的准确性，使得人们能预测一周或十天之内的天气。但超过这个期限，即便运用最尖端技术的顶级天气预报来预测天气，仍会遇到混沌和复杂性的综合问题。这包括蝴蝶效应——蝴蝶扇动翅膀引起的微小气流最终可能被逐步扩大，从而形成飓风。

尽管很多事物看上去错综复杂，但万事万物，不管是掷硬币还是天气变化系统，都同样遵循自然规律，而这些规律是决定性的。整个宇宙就像人们一度相信的那样，像一个巨大的钟表齿轮系统——庞大交错，眼花缭乱，但最终是可预测的。有两点争议试图反对这个说法。第一点是复杂性。即便在一个确定性系统，一个结果取决于一系列事件的系统中，即便每件事在知道确切状态时都可以被预测，但整个问题仍然会复杂到我们根本找不到捷径预知实际会发生的情况。在这样的系统中，最好的模拟（如在电脑上运行）也不能超越现象本身。许多物理系统都是如此，纯数学系统也是如此，例如元胞自动机，其中最著名的例子是约翰·康威的《生命游戏》（我们将在第五章详细介绍）。

在《生命游戏》中，任何已知模式的演变都是完全决定性的，却不可预测：只有当事件的发展被一步一步计算出来时，才能知道结果。（当然，有些系统的运作模式是不断重复的，如来回振动或在一定数量的步骤后移动不变。我们知道它们的行为以后，下一步结果就变得可预测了。但是在第一次的时候，我们没法得知它们会有什么表现。）在数学中，即使不是随机的事物也可以是不可预测的。但直到 20 世纪之交，大多数物理学家都有这样的信念：即使我们无法知道物理宇宙中发生的每个细节，但在理论上，我们可以知道我们想要的一切。只要有足够的信息，我们可以运用牛顿和麦克斯韦的方程，选择我们想要的精确度，计算出事件将如何发展。而量子力学的出现，将会见证这种信念被推翻。

不确定性是量子领域的核心：随机性是亚原子世界中无可更改的事实。这种反复无常在放射性核衰变中表现得更明显。的确，通过观察可以得知放射性物质的半衰期——一个样本中一半原始的原子核分裂衰变所需的平均时长。但这是一个统计学上的测量。如镭 226 的半衰期是 1620 年，也就是说，我们取 1 克镭 226，必须等待 1620 年才能只剩下 0.5 克，而其余的则衰变为氡气体或铅和碳。而聚焦在一个单独的镭核，我们没法知道它是否会随着1克镭226的370亿原子核在下一秒衰变，还是在5000年里衰变。我们只知道，它和掷硬币一样，有1/2的概率会在未来1620年的某个时刻衰变，但不知道是哪个时刻。这种不可预测性并不是由于测量设备或计算能力的缺陷带来的。随机性是这个世界的现实结构中固有的。因此，它可以影响世界上事件的发生和进展，从而带来更大程度上的随机性。例如，蝴蝶效应的一个极端情形是，单个镭原子的衰变未来可能在更大范围内影响天气。

这种量子随机性可能会继续存在下去。但是也有许多物理学家，如其中著名的爱因斯坦，无法接受“上帝在宇宙中掷骰子”（出自爱因斯坦）这种想法。量子理论的反对者们赞同这样的观点，即在超小范围内事物明显古怪的行为背后，存在着“隐变量”——这些因素决定着粒子何时衰变等等，只是我们现在还无法得知和测量它们。如果隐变量理论证明是真的，那么宇宙将再次恢复到非随机性，而真正的随机性将仅仅存在于某种数学的想象中。但到目前为止，所有的证据都表明，在这个量子不确定性问题上，爱因斯坦的看法是错误的。

在极小的世界中，几乎没有事物是确定的。我们认为是固体的小粒子——如电子和类似的东西——会分解成波，不是物质的波，而是概率波。我们不能确切地说一个电子在这里或在那里，只能推断它有可能在这里而不是在那里，它的运动和行踪在数学概念上由波函数支配。

留给我们的只有概率了，而且连这个概念也不容易把握，它有不同的思考方式。人们最熟悉的是“频率论者”的观点，在这种观点中，某件事情发生的概率是该事件发生次数趋近于无限（即某件事情达到顶点的值）时所占的比例值。为了得出一个事件的概率，频率论者会不断重复实验多次察看该事件多久会发生一次。举个例子，假设某个事件在70%实验的时间里发生过，那么概率就是70%。同理，对于一个理想中的数学硬币，其抛掷正面的概率正好是1/2，因为抛掷的次数越多，得到正面的概率就越接近1/2的值。但在现实中，由于种种因素，硬币落下后是正面的概率做不到完全精确的1/2，这取决于投掷时的空气动力学条件，并且大多数硬币正面花纹的重量会大于另一面花纹，这使得概率发生微妙变化。投掷前哪一面朝上也在一定程度上影响着投掷结果：约有51%的概率硬币落下时和投掷前同一面朝上，并且在大多数投掷中，硬币更有可能在空中翻转偶数次数多一点点。但对于一个理想中的数学硬币，这些微妙的因素都可以忽略不计。

频率论者的主张是说一个事件发生的可能性等于它发生的长期概率，但有些时候，例如对只发生一次的事件，这种方法是无效的。还有一种计算可能性的方法是贝叶斯方法，以18世纪英国统计学家托马斯·贝叶斯命名。它的概率计算是基于我们对某一个结果发生有多大的把握，所以它认为概率是主观的。

例如天气预报员可能会说“有70%的概率会下雨”，这本质上意味着我们对下雨有70%的把握。频率论和贝叶斯方法的主要区别是，以天气为例，天气预报员不能简单地对天气进行“重复实验”从而得到一个平均概率，而是需要给出一个特定场合下雨的概率。天气预报员可以使用大量的数据，包括类似事件发生的情形，但是没有哪两个天气情形是一模一样的，因此他们被迫使用贝叶斯方法，而不能使用频率论。

当把频率论者的方法和贝叶斯方法应用到数学概念中时，它们的区别就变得很有意思。想一想这个问题：圆周率的小数点后的第万亿万亿位数是否是5。在算出这个答案之前我们没法提前知道，但是我们知道一旦答案算出来，就永远不会改变，我们不可能重新计算一遍圆周率就得到一个不同于第一次的答案。因此，频率论者的观点暗示，圆周率的第万亿万亿位数是5的概率要么是1（确定性），要么是0（不可能性），换句话说，它要么是5，要么不是5。假设圆周率被证明是正规数，那么我们就可以确定组成圆周率的无限序列中每个数字出现的密度是相等的。而在贝叶斯方法中，我们对于圆周率的第万亿万亿位数是5的置信水平，认为它是5的概率是1/10或0.1（因为如果圆周率是正规数，那么在计算出来之前）。任何一位数都有同样的可能是0到9中任意数字，但是当我们计算到那一位时（如果我们做到了的话），这个概率就肯定会变成1或者0。现在，圆周率的第万亿万亿位数的具体数字是不会改变的，但是5的概率却会改变，因为我们获得了更多的信息。信息对贝叶斯方法至关重要：信息越多，帮助我们修正的概率越准确。事实上，一旦我们掌握完整的信息（例如能准确计算出圆周率的某一位数），频率论和贝叶斯方法就等价了——毕竟对于圆周率的已知位数，我们在重复计算时已经提前知道了这个答案。对于一个物理体系，如果每一个细节都是我们知道的（包括一些随机因素，比如镭原子的衰变），那么我们就可以不断重复这个精确的实验，得到一个和贝叶斯方法计算出的概率相等的频率论概率。

贝叶斯方法看上去可能有点主观，但在抽象的条件下它可以变得有说服力。假设你有一枚有偏的硬币，偏差到掷出正面朝上的概率从 0 到 100% 都可能。你投掷了一次硬币，结果它正面朝上，那么使用贝叶斯方法证明下一次扔到正面朝上的概率是 2/3。然而，在最初投掷之前，正面朝上的概率是 1/2，而且我们并没有改变硬币。贝叶斯观点认为，虽然第一次抛掷硬币不会改变第二次抛掷硬币的概率，但是它会给你提供更多的信息来完善你估计的概率。一枚严重偏向反面的硬币极不可能翻到正面，而一枚严重偏向正面的更有可能得到正面。

采用贝叶斯方法还有助于避免德国逻辑学家卡尔·亨佩尔在 20 世纪 40 年代首次提出的一个悖论类型：当人们看到同样的原理，例如万有引力定律，在很长一段时间内都没有被推翻，他们自然会认定这就是真实的，而且概率非常高。这是一种归纳法逻辑，可以总结为：如果观察的现象与理论一致时，那么该理论正确的概率就会增加。但亨佩尔以乌鸦为例指出这种归纳法的缺陷。

根据理论，所有乌鸦都是黑色的。我们每次看到一只黑色乌鸦而没有其他颜色的乌鸦——忽略掉有白化病的乌鸦——对这个理论的信心就会增加。然而，问题在这里出现了。当我们认定“所有乌鸦都是黑色的”这一陈述时，等于我们在逻辑上也认定了“所有非黑色的东西都是非乌鸦”的陈述。因此，当我们看到一根黄色的香蕉时，看到这个非黑色的东西同时也是非乌鸦时，我们应该会增加对于“所有乌鸦都是黑色的”这一信念的信任。为了理解这种非常反直觉的结果，一些哲学家认为我们应该对争论的两种描述区别看待。换言之，黄色的香蕉应该让我们更相信一些“所有非黑色的东西都是非乌鸦”（第一陈述），而不影响到“所有乌鸦都是黑色的”这一信念（第二陈述）。这似乎符合常识，香蕉是非乌鸦，所有观察香蕉的人所能告诉我们的都是有关非乌鸦而不是有关乌鸦的事。但这样的看法受到了批评，理由是：如果两条不同的陈述明显在逻辑上相同，它们要么都是真的，要么都是假的，你不可能对它们半信半疑。也许在这个问题上我们的直觉会犯错，看到另一根黄色香蕉时，确实应该增加对“所有乌鸦都是黑色的”这一陈述为真的概率。然而，如果采用贝叶斯方法，悖论就不会再产生了。根据这个方法，假设 H 为真的概率必须随着这个比率而倍增：

$$\frac{\text{如果 H 为真，观察到 X 的可能性}}{\text{观察到 X 的可能性}}$$

其中 X 是一个非黑色物体，也就是一只非乌鸦，H 是“所有乌鸦都是黑色的”假设。

如果你让某人随机选择一根香蕉给你看，那么你看到黄色香蕉的概率，都不应该受乌鸦的颜色影响。你已经事先知道你会看见一只非乌鸦。分子（上面的数字）将等于分母（下面的数字），比率为 1，概率不变。看到一根黄色的香蕉并不会影响你对乌鸦是否都是黑色的信念。如果你让某人随机选择一个非黑色物体，然后你得到了一根黄色的香蕉，则分子会变得比分母略大，因此看见这根黄色的香蕉只会稍微增加你对“所有乌鸦都是黑色的”这一信念的信任。你必须要见到世界上所有不是黑色的东西，并且确认它们都不是乌鸦以后，才能得出“所有乌鸦都是黑色的”这一结论。在这两种情况下，结论都和我们的直觉相符。

信息与随机性联系在一起似乎有些奇怪，但事实上两者是密切相关的。想象一串仅由 1 和 0 组成的数字序列。1111111111 这个数列是完全有序的，因此实际上不提供任何信息（只有 1 重复了 10 次），就像空白画布上每个点都是白色的，几乎看不出有什么。另一方面，随机生成的 0001100110 数列，它的长度却包含了最大的信息。这是因为，量化信息的其中一个方法就是看数据被压缩的程度。真正随机的序列无法在压缩成更短的同时又保留所有信息，但一条纯由 1 组成的长序列就可以通过缩写成“多少个 1”来表示。信息和无序是紧密相连的，一条序列越随机越无序，它包含的信息就越多。

另一种考虑的方法是，在随机的序列之中，你得到的下一位数字会为你提供最大量的信息。如果我们看到 1111111111 这样的序列，猜测下一位数字就显得毫无意义。(这只适用于一个完整的序列，而不是一个序列的一部分。一个任意长的随机序列将无限频繁地包含 1111111111。）就我们关心的来说，较为有效的信息刺激必须处于这样两个极端信息之中。例如，一张含有最少信息的照片，可能是一张空白的单色照片，而一本含有最少信息的书，则可能是连续每一页上都只有一个字母。就它们的信息内容而言，两者都毫无趣味。但是，一张包含信息最多的照片可能看起来是一堆杂乱无章的静电噪声，而一本包含信息最多的书籍则是大量随意堆砌的字母，这些对我们而言同样没有意义。我们真正需要的信息是介于两者之间适中的信息量。例如一张照片所能传达的信息应该符合一般照片规范，以我们可以理解的形式和数量呈现出来。如果一个像素是一种颜色,那么紧邻它的像素很可能非常相似。我们知道这个规律以后,就可以在不丢失照片信息的情况下压缩照片。你现在读的这本书基本都是一串字符和空格,还有一些标点。不像极端的书籍中,符号杂乱无章，随意堆砌或全部相同，这些我们读到的字母以“单词”的形式有序地排列，有些字母偶尔出现，有些字母极其频繁地重复出现，这些单词还会遵循某些所谓的语法规则，形成成句子等，以便最终读者能理解传达的信息。在大杂烩式的随机拼凑中这根本不会出现。

阿根廷作家豪尔赫·路易斯·博尔赫斯在短篇小说《通天塔图书馆》中描述了一个巨大的图书馆——可能是无限大，里面陈列着多到令人眼花缭乱的书籍。所有书都有同样的格式：“每本书有 410 页，每页有 40 行，每行大约有 80 个黑体字母。”贯穿全书只使用来自一门晦涩语言中的 22 个字母，加上逗号、句号和空格。这些字符每种可能的组合都遵循共同的格式，都可以在图书馆的某些书中找到。大多数书看起来只是毫无意义的字母堆砌，有些书看上去相当有序，但是内容空洞。例如有一本书有字母 M 在不停重复，另一本书完全相同，只是第二个字母换成了 N。还有一些书的单词、句子和整个段落在某种语言中语法正确，但毫无逻辑。有些书是真实的历史。有些书声称自己是真正的历史，但实际上是虚构的。有些书包含了对尚未发明的设备或尚未发现的事物的介绍。在图书馆某个地方，有一本书介绍了所有使用到的 25 个基本符号（22 个字母和 3 个标点符号），包含了可以想象到的或以特定格式写下来的每一种组合方式。但所有这一切毫无意义，因为如果事先不知道什么是真是假，事实还是虚构，有意义或无意义，这些详尽的符号组合都毫无价值可言。这和那个古老的想法如出一辙，猴子随意敲打打字机的按键，只要花足够的时间，最终能写出莎士比亚的作品。这些书还能提出科学上每一个重大问题的解决方案（在无数万亿年之后）。问题是，它们也会提出每个非解决方法和每个对真正解决方案令人信服的反驳，而且，大多数时候是大量令人头昏脑涨的浮夸费解之言。如果和答案一起一一罗列的还有所有可能的干扰选项，而你没有办法知道哪个是正确的，那么答案摆在眼前也没用。

从某种意义上说，互联网在提供大量可学到的知识的同时，也伴随着无尽的谣言、掺杂着谎言的事实和纯粹的无稽之谈。正变得像博尔赫斯的图书馆——一个从深刻到荒谬的一切事物的仓库。甚至有些网站还会模仿通天塔图书馆，瞬间生成几页随机的字母，其中可能包括也可能不包括真正的单词或有意义的信息碎片。当我们被大量信息包围时，我们应该将谁或什么东西作为判定事实和理论的依据呢？归根结底，由于信息以数字的形式存在于电子处理器和存储器之中，这个答案必须去数学中找寻。

在不久的将来，数学家们试图寻找一种有关随机性的支配理论，它可能将科学中一些看似毫不相关的现象联系起来，从布朗运动到弦理论。麻省理工学院的斯科特·谢菲尔德和剑桥大学的杰森·米勒这两位研究学者发现，许多可由随机程序产生的二维形状或者轨迹归属不同的门类，每种门类都有一些特征。他们的分类带来了新的发现，一些表面上看起来完全不同的随机物体之间产生了不可思议的联系。

用数学方法探索的第一个随机形状是随机漫步。假设一个醉汉从一个灯柱开始跌跌撞撞往前走，从一个点走到另一个点，每一步（假设步幅一样）都是朝随机的方向走的，在醉汉走了一定步数之后，他大概离灯柱有多远？这个问题可以简化为一个一维案例，换句话说，醉汉沿着一条线来回移动，每走一步都用掷硬币来决定向左还是向右。1827 年该问题第一次被应用在现实生活中，英国植物学家罗伯特 · 布朗提出后来引发人们关注的布朗运动现象——在显微镜下观察水中的花粉粒随意摆动。此后，人们了解到布朗运动是由于单个水分子从不同的随机角度对花粉撞击形成的，每个花粉粒的行为就像上述例子中的醉汉一样。直到 20 世纪 20 年代，美国数学家及哲学家诺伯特 · 维纳才用数学方法完全解释了布朗运动。诀窍是弄清楚当步数与步幅用时变得越来越小之后，随机漫步问题会发生什么。由此产生的随机路径看起来非常像布朗运动的路径。

最近，物理学家们对另一类随机运动产生了兴趣，这种运动不是沿着一维曲线的粒子的运动，而是极为纤细的“弦”的运动，可以用二维曲面来表示。这便是弦理论中的“弦”。弦理论是关于构成所有物质的最基本粒子的细小单位“弦”的理论，是一个超前的但尚未证明的理论。正如斯科特 · 谢菲尔德所描述：“要想理解弦的量子物理学，我们可以将它想象为平面上的布朗运动。”弦理论最初由现任职于普林斯顿大学的物理学家亚历山大·波利亚科夫在20世纪80年代提出。他找到了一种描述这些平面的方法，现在被称为刘维尔量子引力（LQG）。另外一项独立的成果是布朗模型，也描述了随机二维平面，但给出了不同的、互补的信息。谢菲尔德和米勒的重大突破在于他们证明了刘维尔量子引力和布朗模型这两种理论方法在本质上是相同的。在弦理论直接应用于解决物理问题之前，仍有工作要做，但最终它可能被证明是一个强大的统一原则，并运用在很多尺度上，从非常小尺度的弦到日常水平现象，如雪花或矿床的形成等。我们已经能够确定的是，随机性是物理宇宙的核心，而随机性的核心是数学。

真正随机的事物是难以预测的。我们没法预测一个真正随机的数列下一位数是什么。在物理学上，我们没有办法预知一个随机事件何时会发生，例如放射性核的衰变。如果某件事是随机的，它就被称为非确定性，因为我们无法计算出，甚至在原则上，无法根据已知的事判断接下来会发生什么。在日常生活中，我们常说如果某物是随机的，它就是混沌的。“随机性”和“混沌”在日常语言中几乎可以互换使用。但在数学中，这两者有很大的区别。接下来，我们将通过探索分形维度的奇特领域来感受“混沌”的魅力。

第四章　混沌边缘的秩序

数学世界不是一片无趣之地。置身其中，你会感受到美与浪漫。它是非凡之所，值得为之投入时间。

——马库斯·杜·索托伊

在同义词词典中查找“混沌”，你会得到“混乱”“乱糟糟”“无政府状态”这样的近义词。但数学家和其他科学家所研究的混沌，在一个相对最新的研究领域——混沌理论中，是另一个概念。混沌并不是杂乱无章的，它遵循规律，它的发展能够被预知，它的行为能够以极致美丽的图案模式展现出来。数字通信、神经细胞的电化学模型、流体动力学等都是混沌理论的实际应用。我们将以更视觉化的方式来探究这个问题，现在先让我们从一个轻松有趣的问题开始。

“大不列颠岛的海岸线有多长？”这是数学家伯努瓦·曼德

勃罗 1967 年发表在《科学》杂志的论文的一部分标题。曼德勃罗是一位法裔美国数学家，出生在波兰，是 IBM 公司托马斯·J.沃森研究中心的理论工作者。这似乎是一个很容易解决的问题。当然，我们需要做的是精确测量整个海岸线，仅此而已。事实上，你测得的长度取决于你使用的尺度大小。但在某种程度上，长度可以无限增加（而不是收敛到一个固定值，至少在原子尺度上是这样的）。在曼德勃罗详述这个想法几年之前，英国数学家及物理学家刘易斯·弗莱·理查森首先提出了这个令人迷惑的问题：一个岛屿、国家或大陆的海岸线没有明确的长度。

理查森是一位和平主义者。他对国际冲突的理论来源感兴趣，想挖掘两国之间发生战争的可能性是否与它们共有的边界线长度有关。在研究时，他发现从不同渠道获取的信息存在明显的差异。例如，西班牙－葡萄牙的边界线长度，西班牙政府曾声称只有 987 公里，而葡萄牙政府声称是 1214 公里。理查森意识到，这种测量结果的差异并非由于哪方犯了错误，而是由于他们在计算中使用了不同的“码尺”，或者说最小长度单位。在一条弯弯曲曲的海岸线或边界线上测量两点之间的距离，使用想象中的 100 公里长的尺子量到的数据比用 50 公里长的尺子得到的数据要小。尺子越小，能被计算到结果中去的弯曲部分就越多。理查森表明，当标尺或测量单位不断缩小时，曲折的海岸线或边界线的长度可以无限增加。显然，在西班牙和葡萄牙的边界线一例中，葡萄牙人使用更小的长度单位进行了测量。

理查森的这个发现如今被称作“理查森效应”或“海岸线悖论”。但 1961 年他发表这个惊人的发现时，没有人注意。回过头来看，它对推动一个非凡的新数学分支发展有着重要的作用。而使其成名的曼德勃罗最终将其描述为：“它美轮美奂，但艰涩难懂且越发毫无用处。”1975 年，曼德勃罗还为这个新奇的研究领域的核心所呈现的怪异之事创造了一个名字：分形。分形指的是维度数为分数的形状，如曲线或空间。

要成为“分形”，形状需要在所有尺度上都具有一个复杂的结构，不管它有多小。我们在数学中遇到的绝大部分几何图形或曲线都不是分形。例如圆就不是分形，当我们将圆周的某一部分周长逐渐放大时，它看起来越来越接近一条直线，之后再放大就看不到什么新的东西了。矩形也不是分形。矩形在四个角保持了相同的结构，但放大后其他四条边上看起来就只是像一条直线。要成为分形，仅仅在一个点或有限的几个点上有复杂的结构是不够的，必须在所有点上都有这种结构。在三维或更高维中的形状也是如此，例如球体和立方体就不是分形。但是有许多形状在不同维度上都属于分形。

回到大不列颠岛的海岸，一个很小的比例尺的地图只能展示海岸线边缘最大的海湾、小湾和半岛。但如果你亲临一个海滩，就能看到小得多的结构——小海湾、岬角等。再拿一个放大镜甚至显微镜来观察，你能看清楚海岸上每块石头边缘的微小结构，而且尺度越来越小。当然，在现实世界中，能放大的程度是有限的。在原子和分子结构以下——甚至不用看见原子和分子——这些细节对于讨论海岸线长度就已经没有意义了。而且，在任何情况下，随着侵蚀和潮汐涨落，海岸线的实际长度其实每分钟都在发生变化。尽管如此，大不列颠岛的海岸线，以及其他岛屿和国家的轮廓都非常接近分形，并且能够解释为什么不同来源数据会给出不同的边界长度值。如果你拿到一张不列颠岛的地图，不会意识到要实际去海边走一圈才能看到海岸的凹凸弧线，所以如果根据地图计算海岸线，算出来的结果会可能短很多；仅仅沿着海岸边漫步，你会错失所有岩石的精细结构，得到的长度要比用一英尺长的尺子或者更精密的工具去丈量所有细微的凹凸之后会短很多。随着计算尺度的缩小，测量结果会呈指数级增长，而不是逐渐接近一个最终的"真实"数字。也就是说，如果你使用有足够精度的丈量工具，得到的长度可以无限大（当然，得限制在物质的原子结构所规定的范围之内）。

除了自然界中像海岸线这样的分形，还存在许多纯粹数学上的分形。制作分形的一个简单方法是将一条线三等分，以中间部分为底，向外画一个等边三角形，再移去作为底的那部分线段。在得到的四条线段中，针对每一段不断重复这个过程，然后再对产生的新的较短的线段不断重复这个过程，只要你愿意可以一直持续下去。最后的结构被称为科赫曲线，以瑞典数学家赫尔格 · 冯 · 科赫的名字命名，他 1904 年在论文中提到。

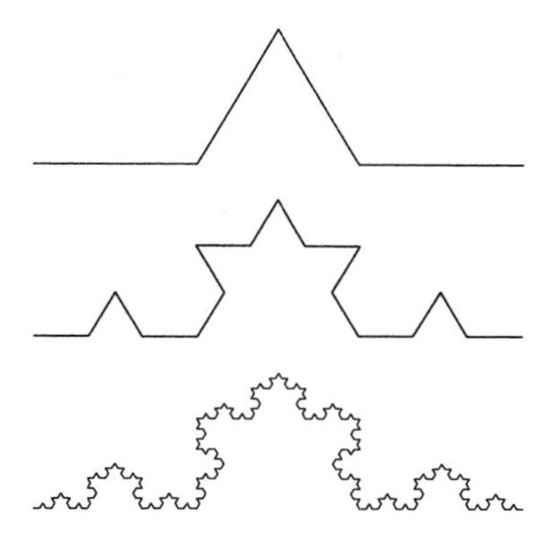

科赫曲线的第一次、第二次和第四次迭代

科赫雪花

三个这样的科赫曲线可以拼在一起形成科赫雪花。科赫曲线是人们最早构造出来的分形形状之一。其他为人所熟知的分形形状还有谢尔宾斯基三角形和谢尔宾斯基地毯等，是由波兰数学家瓦茨瓦夫·谢尔宾斯基在 20 世纪的前二十五年描述出来的。谢尔宾斯基三角形产生方法如下：首先画一个等边三角形，沿三边中点的连线将其分成四个小等边三角形，每一个三角形的边长都是原始三角形边长的一半。然后去掉中间的三角形，对其余三个小等边三角形重复上面的步骤，一直不断重复。这样的图形作为严肃的数学研究对象还不到一个世纪，但艺术家们自古以来就知道它们，如谢尔宾斯基三角形出现在意大利艺术品上的时间可以追溯到 13 世纪。

分形最有趣也最反直觉的特征是它们的维度。说到“维度”，人们通常可能会联想到两个概念：一个是指事物的整体尺寸，比如“房间的维度”；另一个是指一个独特的空间方向，这种“维度”我们在第二章讨论过。我们说一个立方体是三维物体，因为它有三个不同方向的边并且彼此成为直角。第二种对维度的直观理解，认为它与可能通过垂直方向的数量有关，大致相当于数学中所谓的拓扑维数。例如球面的拓扑维数是 2，因为沿着球面可以向南北方向或东西方向运动。一个球体的拓扑维数是 3，因为在球体上还可以上下运动，向下是朝向球心，向上是远离球心，就像在地球上一样。拓扑维数甚至可以是 4 或者更大（就像我们在第二章中提到的那样。例如一个超正方体的拓扑维数就是 4)，但它总是一个整数。而分形维数不同，粗略地说，它衡量的是曲线填充平面或者平面填充空间的程度。

分形维数有很多不同的形式，其中最容易理解的一种是“计盒维数”，又称“闵可夫斯基－布利冈维数”。例如要计算大不列颠岛的海岸线长度，我们可以用一张布满小方块的透明网格纸覆盖在地图上，然后数出重叠在海岸线上的方格数量。之后，我们再用一张方块大小减半的网格纸覆盖上去再数一次。如果计算对象是直线，则方格的数量会增加 1 倍，或写作 2^1 倍，其中指数（1）就是计盒维数。如果计算对象是矩形，则方格的数量会变为 4 倍，或增加 2^2 倍，其计盒维数是 2。如果计算对象是立方体（假设使用一个三维的方格网），则方格的数量增长的倍数是 8，即 2^3，因为立方体是三维物体。

我们通常想到的大部分形状都有 1、2、3 之类的整数维数，但分形并非如此。以科赫雪花为例，为简化我们取用科赫雪花的组成元素——科赫曲线，每个科赫曲线都由四个更小的科赫曲线构成。如果我们将网格缩小为原来的 1/3，我们可以将科赫曲线分成四个更小的部分，每个部分占原来大小的 1/3。在新形成的图上，每一个小的部分与大网格覆盖的方格数是相同的，则总体而言这个图形的整体方格数扩大了 4 倍。这使得科赫曲线（由三个科赫曲线构成的科赫雪花同样如此）的维数 d 由公式 $3^d=4$ 算出，则 d=1.26。因此科赫雪花的维数约为 1.26。试想一下这维数，它告诉我们科赫雪花在任何选用尺度上的弯曲程度要比一条直线弯曲多少，或者从另一角度考虑，科赫雪花填充它所在的二维平面的程度——对一维图形来说太详细了，但对二维图形又太简单了。相较之下，一条直线无论如何也无法填满一个平面，因为它不仅无限细，而且形式也很简单。像科赫曲线这样的分形，虽然也无限小，但它又相当复杂。当我们将之缩小时，无论它上面任意两点之间看起来有多近，其实沿着曲线都存在无限长的距离。

同样，将计盒维数法应用于谢尔宾斯基三角形，最终我们得到的 d 值约为 1.58（$2^d=3$）。在这种情况下，物体的维数不是整数可能显得非常奇怪，但这种陌生感不仅在纯数学领域有，在现实世界中也是如此。

像科赫雪花和谢尔宾斯基三角形这样的分形是自相似的，因为它们都是由自身的一部分不断重复得到的图形。在自然界中，大多数分形并不是完全自相似的，但它们在统计上是自相似的，因此我们同样可以使用之前的计盒维数法算出它们的分形维数。用这个方法，大不列颠岛的分形维数大约是 1.25，与科赫雪花的分形维数惊人地接近。简单来说，这意味着英国海岸线的起伏或粗糙在各种尺度上是直线或任何其他简单曲线的 1.25 倍。相比之下，南非的海岸线更加平滑，相应的分形维数也更低，是 1.05。挪威的海岸线上拥有众多深邃而曲折的峡湾，因此其分形维数为 1.52。这个概念可以应用在其他自然界的分形中，一个明显的例子是人的肺部。因为肺本身显然是三维的，你可能忽视了它的表面其实是二维。为了尽可能快地交换气体，肺的表面积已经进化到大得惊人，达 80~100 平方米，大约是网球场面积的一半[①]。肺表面的结构非常复杂，布满无数的褶皱，细小气囊（或称肺泡）几乎填满了肺表面所包含的空间。通过计盒维数法算出肺的维数是 2.97，也就是说它几乎是一个三维的了。

我们所处的空间只有三个维度，但时间有时也可算作“第四维度”。因此，分形可以在空间和时间中存在，这并不奇怪。一个经济学上的例子是股票市场。随着时间推移，股票价值有很大的升降浮动，其中一些变化需要花上数年，有些变化（如崩盘）则会发生在顷刻之间。除此之外还有一些小的波动，而当股票的涨跌看起来与大趋势无关时，一天内也会发生很多次更小的波动，因为单只股票的涨跌幅度很小。随着股票市场的电脑化，这些趋势可以被追踪到非常小的时间段，可以精确到每分钟甚至每秒钟的变化。

另一个基于时间分形的例子是前面提到的岛屿海岸线的长度变化。在任何给定的时间点，岛屿海岸线都是一个纯粹的空间分形，它的长度取决于度量单位的大小。但正如前面提到的，随着时间推移，海岸线长度又会增加新的变量，如不停的侵蚀（和沉积）、潮起潮落，甚至每次海浪的拍打，以及构造运动导致的

① 一块标准网球场的占地面积约为 670 平方米。在这个面积内，有效单打场地的标准尺寸是 23.77 米（长）×8.23 米（宽），约为 187 平方米。——编者注

几乎难以觉察的整个陆地块的升降，都会带来影响。

在数学家知道的所有分形中，有一种分形因为难以置信的复杂性脱颖而出。这个奇妙的形状不仅在各尺度上都有结构，而且在不同尺度上的不同点上，看起来就像两个完全不同的分形一样！这就是著名的曼德勃罗集合。美国作家詹姆斯·格雷克在《混沌》一书中将其形容为“数学中最复杂的物体”（尽管未必如此）。尽管它带有曼德勃罗的名字，但究竟是不是曼德勃罗发现的，还存在一些争议。曾有两位数学家提出理由，证明他们在同一时间独立发现了这个图形。还有一位数学家，康奈尔大学的约翰·哈伯德则指出，1979 年初他在 IBM 向曼德勃罗展示了如何用计算机程序导出曼德勃罗集合的部分图形，第二年曼德勃罗就发表了一篇关于该物体的文章，后以“曼德勃罗集合”而闻名。可见，曼德勃罗的确是分形学领域优秀的创立者和推广者，设计出了聪明的方法来展示分形图像，但是他没有慷慨到将获得的功劳分给其他应得的数学家。

曼德勃罗集合是一个错综复杂的迷宫，但构成规律其实非常简单，可以通过简单的规律不断重复得到。从本质上看，这个规律是这样的：找一个数字进行平方，然后加一个固定值，再将这个结果重新加入公式运算，并以此不断重复或迭代，得到的这些数字是复数——“复”意味着每个数字包含一个实数部分和一个“虚数”部分（一个数乘以 −1 的平方根）。当每个数字的实部和虚部的值都在图表上表示出来，就会产生一个分形形状。

为了更详细地说明这一问题，假设我们从一个复数 z 和一个常数 c（同样也是复数）开始，选定一个 z 的值后，我们采用以下公式：z^2+c 计算出一个新的 z 值，然后再将这个新的 z 值同样用这个公式继续计算，获得下一个 z 值。在这个过程中，有些 z 值会一直保持不变，有些会在循环中不断重复，最终回到原来的值。这些 z 值中任何一个，要么保持不变，要么循环重复，如果我们稍微改变 z 值，得出的新值仍沿着非常接近原始的路径运行，我们就说它们是稳定的。这就像处在山谷底端的一个球，即使它稍微有所运动，也能正好滚回到原来的位置，因此是稳定的。另一个处在山顶的球，即使轻微推一下，它也会滚下山，进入一条完全不同的路径，因此处于山顶的这个位置是不稳定的。

这些保持不变或处在一个循环中的稳定的点，我们可以称其为“吸引子”。除了吸引子，还存在其他一些点，它们在开始时不一定与吸引子非常接近，但当我们不断重复 z^2+c 这个计算过程时，它们越来越接近吸引子。这些值的集合构成 c 的“吸引域”。在吸引域之外，其他的点可能逐渐远离吸引子，发散到无穷远。“吸引域”的边界被称作 c 的朱利亚集合。这个名字来源于法国数学家加斯顿 · 朱利亚，20 世纪初期，他和法国数学家皮埃尔 · 法图一同在复杂动力学方面做了开创性工作。如果对朱利亚集合中的任何点进行不断迭代，其值仍然会停留在朱利亚集合之中，但可能在集合周围移动，而不会形成重复模式。

最简单的朱利亚集合是当 $c=0$ 时，在这种情况下 z 的新值的变化完全取决于 z^2。当复数 z 以这种方式迭代时会产生什么呢？如果 z 从以 0 为圆心的单位圆（半径为 1 的圆）内开始，它会迅速朝着 0 不断以螺旋状靠近。而如果 z 在这个圆外，它会迅速以螺旋状远离这个圆并延伸向无限，因此在这种情形下，朱利亚集合就是单位圆的边界，在单位圆内处处具有“吸引力”，而 0 就是吸引子。想象一下 $c=0$ 时的朱利亚集合，就像是放在两块磁铁正中间的一个钢球；如果它的位置恰好在正中间，会保持稳定（尽管实践中 z 的值在朱利亚集合上的移动无法预测，但始终在朱利亚集合上保持稳定。），但它的位置只要稍有偏移，就会迅速被吸到一块磁铁上。这种情况下，一块磁铁代表 0，另一块是无限。

这种朱利亚集合并无趣味可言，当然也不是分形。但是当 c 不等于 0 时，朱利亚集合确实可以形成一个分形，并且可能产生许多不同分形的形状。有时，朱利亚集合的点相连，有时又不相连。当朱利亚集合的点不相连时，它们呈现出法图尘埃的形式，正如其名字所显示的，这是一团由不连续的点组成的云朵图形。法图尘埃实际是维数小于 1 的分形。

曼德勃罗集合，是与朱利亚集合的点相连时所有 c 的值的集合，它是最容易辨认但也最反直觉的分形之一。尽管曼德勃罗集合是相连的图形，但是它有许多细小的斑点，看似与主体图形不相连，其实是通过非常纤细的细丝连接在一起。当你放大时，能看到这些斑点又是整个曼德勃罗集合的缩小版复制品，乍一看可能会让你大吃一惊，不过实际上符合我们对分形本质的理解。然而，这些分支的图形是不完美的复制品，它们每一个都不完全相同——出于一个很好的理由，这就是曼德勃罗集合最引人入胜的地方之一。如果放大曼德勃罗集合的边缘上任一点，它们开始看起来越来越像那一点上的朱利亚集合。曼德勃罗集合这个单一的分形中，其实在边缘包含了无穷无尽的不同分形——它们都是朱利亚集合的形式。事实上，曼德勃罗集合也被叫作朱利亚集合的目录。它的边缘构造实在是太复杂了，以至于被证明是二维的，尽管我们猜测它的面积为 0。

分形经常遵循一条直接而违反直觉的原则：它可能通过非常简单的规则来生成魔幻般的复杂结构和模式。科赫雪花是由一个连孩童都能理解的规则变出来的（只要在每条直线中间的三分之一处加一个等边三角形）。尽管有规则，但它的结构复杂；相较之下曼德勃罗集合要复杂许多，但也是由简单的步骤不断重复而来的。从函数 z^2+c 开始，通过研究属性和提出问题，得到一个有令人困惑的复杂性、从各个地方看起来完全不同的分形。如果使用电脑作为显微镜，可以放大看见曼德勃罗集合的任何部分都充满不同的图案，图案里又有嵌套的图案，互不重复，无穷无尽。

分形还具有一个有趣的特征。我们已经知道科赫雪花的分形维数是 1.26，让我们知道它有多“粗糙”，或能把平面填充得满满当当。如果我们取任意一条直线与科赫雪花相交，则相交点本身几乎总是一个维数为 0.26 的分形。（也有一些例外，如果是一条对称线，则会产生两个单独的点，维数为 0。）这对于任何维数在 1 和 2 之间的分形都是成立的。例如，几乎所有与曼德勃罗集合的边界相交的线都能形成一个维数为 1 的分形，尽管它们都是长度为 0 的不连续的点。

但对于维数小于 1 的分形，情况又有所不同。这些分形都是由一堆单独的点组成的,如法图尘埃。一个令人惊讶的结果是，对于维数为 0 的分形，几乎所有与法图尘埃相交的直线只有一个交点；而一般来说，几乎所有的直线，即使是那些仅限于通过法图尘埃的直线，也永远不会与其相交。

这些分形都存在于二维空间中，当然，我们也可以在一维空间中找到一些一团散点云集组成的分形，它们的分形维数为 1 或者更小。最著名的例子要属康托尔集合了。康托尔集合的形成方法如下：首先选取一条线段，将其三等分，去掉中间的一部分。然后对剩下的两条线段继续三等分，然后去掉中间部分……这样重复做下去。最终，所有线段将被拆分为零散不相连的点阵图形，其分形维数大约为 0.63。

分形与数学中另一种现象——混沌有关。分形与混沌的产生都与迭代有关，也就是将一个规律不断循环，前一个迭代产生的结果将作为下一次迭代的起始值。在分形的情况下，迭代产生一个重复或有点重复的图形，无论我们放大多少倍，都一直循环永无止境；而混沌的显著特征是复杂而缺乏规律，以及对初始条件或系统起始状态的极端敏感。

“混沌”一词来源于希腊语，本意是“空”。在古典和神话的创世观念中，混沌是洪荒之时宇宙诞生前的无形状态。在数学和物理学中，混沌或混沌状态等同于随机性或缺乏模式。但混沌理论与上述概念无关，它指的是某种特定情况下非线性动态系统的行为模式。例如天气变化的模式就是如此。如今，我们可以很容易预测短期的天气，可提前几天或一周进行预报，而且大部分时间都是准确的。但是对于更长时间，如一个月，我们就没法做可靠的预测。这就是因为混沌的存在。

假设我们从天气的一个特定的初始条件开始，就可以根据那些条件计算出对未来的预测。然而，如果我们一开始就改变条件，哪怕一点点变化，天气很快变得大相径庭。正是这一事实，让美国数学家及气象学家爱德华·洛伦兹由气象变化首次发现了混沌。20 世纪 50 年代，他正在研究一个简化的天气变化的数学模型。他把数字输入电脑生成了一张图表，但是他在计算时被打断,之后不得不重新启动程序。从头开始计算太过费时，因此他选择从中间的一个点开始，将之前得到的计算结果输入程序中。他得到的图表刚开始与之前的图表一样，但很快就变得越来越不同，就像是另外一张不相干的图表。这是由于电脑在显示结果时，为了凑整而省略了一些位数，而这些后面位数的数据还储存在计算机中。当洛伦兹重新启动程序时，这些后面位数的数据丢失了，因此输入的结果与初始结果有难以察觉的差别。随着计算的推进，这种差别被不断放大，直到计算结果变得大不相同。洛伦兹将这种原理命名为蝴蝶效应：今天如果一只蝴蝶扇动翅膀，有可能引发一个月后的一场飓风。

天气计算的公式相当复杂，但在揭示模式和预测崩溃并被混沌接管的位置上，有些简单的公式也能体现出同样的效果。假设我们从 x 的某个值开始，x 的值在 0 和 1 之间。然后我们用 x 乘以（$1-x$）和常数 k（$1 \leqslant k \leqslant 4$），再将得到的 x 新值返回到公式中继续计算，不停地重复。用数学术语来表示，这个过程可被概括为：$x \rightarrow kx(1-x)$（其中：$0 \leqslant x \leqslant 1$，$1 \leqslant k \leqslant 4$）。我们发现，当 $k \leqslant 3$ 时，有一个单个点组成的吸引子，每个 x 值（除了 0 和 1）都向它收敛。但当 $3 < k < 3.45$ 时，有两个互相交替的点组成的吸引子。当 $3.45 < k < 3.54$，吸引子先是由 4 个点组成，然后是 8 个，然后逐渐翻倍且频率越来越高。大约在 k=3.57 时，会发生巨大变化，吸引子的数量不仅翻倍的速度越来越快，且接近无限次，此时整个系统根本无法保持稳定的模式，而陷入完全的混沌之中。比方说，在 100 次迭代后，一个点将非常接近单个吸引子，当 $k > 3.57$ 时，我们无法预测任何一个点的长期行为。

吸引子点的加倍，从 1 到 2 再到 4，以此类推，当 $k > 3$ 时，我们刚才看到的例子中，一个可预测的系统变得完全不可预测时，混沌就出现了。吸引子翻倍的点由一个重要的数学常数决定，即费根鲍姆常数。在第一阶段，一个吸引子周期，其长度为 2 个单位，因为它从 k=1 持续到 k=3。在第二阶段，两个吸引子周期，长度约为 0.45 个单位，因为它从 k=3 持续到 k=3.45。分数 2/0.45 大约等于 4.45。第三阶段，长度约为 0.095，0.45/0.095 的比例大约等于 4.74，以此类推。这些比值的大小最终都接近费根鲍姆常数——4.669。每个阶段都比上个阶段持续的时间指数级地短，因此在 k=3.57 时，阶段的更替变得非常快，发生了无限多次。

费根鲍姆常数是从我们刚才考虑的过程中产生的，但实际上在所有相似的混沌系统中都能找到，因此它在混沌理论中非常重要。不论是怎样的方程，只要满足一些基本条件，根据费根鲍姆常数，它的长度就会不断翻倍。

为了解混沌过程如何产生分形，我们只需将上述过程进行迭代，然后将每一个 k 值的吸引子画出即可。在 k=3.57 以后的图形大多数是混沌的，除了一些 k 值会有有限的吸引子。这些 k 值被称为稳定岛。例如 k=3.82 是一个稳定岛，我们能找到的是一个仅包括三个值的吸引子。将其中任何一个值放大，我们看到的都是与整体图形相似的规律，尽管不是完全相同。

在对混沌开创性的探索中，洛伦兹还发现了一种新的分形——奇异吸引子。普通吸引子是简单的，其他的点向它收敛，并沿着它以固定的周期行进。但奇异吸引子的行为与之不同。

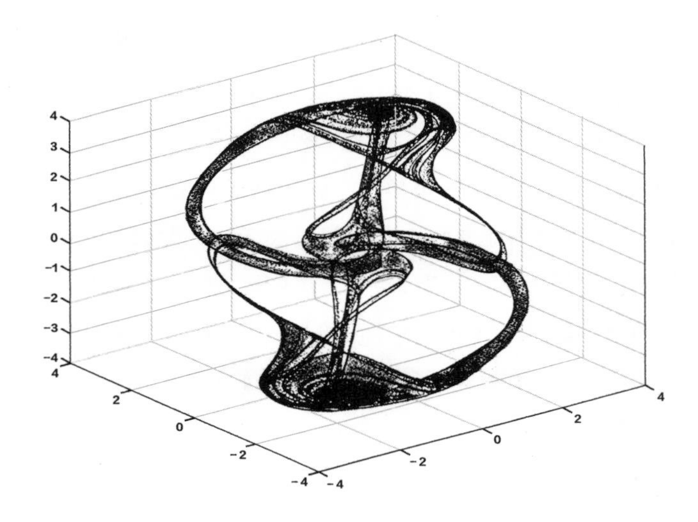

被称为“托马斯循环对称吸引子”的奇异吸引子

洛伦兹建立了一个微分方程，当他放大每个点上的构造时，发现每个点上都有无限多的平行线。每个点沿着吸引子产生了一条混沌轨迹，永远不会完全回到原来的位置；两个开始非常接近的点会迅速叉开，最后沿着非常不同的路径结束。拿个物理例子来类比，想象一个乒乓球和一片大海。如果乒乓球在海面上方被抛下，它会朝海面快速坠落，直到落在水面上；如果乒乓球在海面以下松开，它会马上浮到海面。但是一旦浮在海面上，它的运动轨迹就会变得不可预测和混沌。同样，如果一个点不在奇异吸引子上，便会迅速地向它移动。一旦在奇异吸引子上，它就会以混沌的方式移动。

在数学领域，分形是引人入胜的探索和视觉上最令人惊叹的物体之一，但在现实世界中，它们的意义也非同寻常。自然界中所有看起来随机和不规律的物体都有可能是分形。事实上我们可以说，任何一个存在的事物都可以是分形，因为它们在每个层次上具有某种结构，至少在原子层次上是这样。云朵、手掌中的静脉、气管的分支，树木的叶子——这些都呈现出一种分形结构。在宇宙学中，物质在宇宙中的分布也像一个分形，它们的结构可以细微到原子及核子级以下的水平，到达物理世界我们所能描述的最小单位，即所谓的普朗克长度（1.6×10^{-35}米），或者说约为质子宽度的一万亿亿分之一。

分形不仅出现在空间维度中，也出现在时间维度中。击鼓就是这样一个例子。我们很容易用电脑生成一个有节奏的击鼓程序或使用机器人乐手来演奏，这样的声音稳定且节奏精确，但是这与真正的专业鼓手敲打出的鼓声还是有区别的。专业鼓手敲打的鼓声会在时长和响度上有细微的变化，使得它并非绝对“完美”。而研究表明，这样的鼓声本质上也是分形。

一个国际科学研究小组研究了 Toto 乐队的鼓手杰夫 · 帕卡罗的打鼓风格。帕卡罗以快速和复杂的单手击打踩镲技能闻名于世。在帕卡罗击镲出现的节奏和响度上，研究员发现，他的长间隔节奏出现的结构与短间隔节奏出现的回声结构有某种自相似性模式。帕卡罗的击打的声波可以比作分形海岸线，在不同的音阶长度上显示出自相似性。更重要的是，研究者们发现，他这种类型风格比精确的打击乐器更受听众欢迎，他能带来更随性的发挥。

每个鼓手都有不同的分形，这也构成了他们独特的个人演奏风格。乐手在演奏其他乐器时也会出现类似的模式；尽管很细微，但正是这种细小的不完美将人与机器区别开来。

我们周围的世界中有许多物体都是分形或者近似分形，因此我们可以用计算机快速创建一幅与自然界的物体非常相似的图像，比如一棵树。我们需要的是一个计算公式和一些初始数据，就能在眨眼之间创造一幅惊人的栩栩如生的模拟图形。不必惊讶，这种可以快速渲染出云朵、流动的水、山川风景、岩石、植物、外星和各种风景项目的技术，正逐渐成为那些制作 CGI（电脑三维动画）特效电影、动画、飞行模拟器、电脑游戏的人的最爱。我们不再需要庞大的数据库来存储所有物体和场景的资料，只需用一些简单的规则来进行高速循环的计算，就可以生成真实的移动场景。在未来，这样的技术有望在虚拟现实和沉浸式技术中发挥重要作用，其目标是生成与实时的真实事物难以区分的 3D 图像。

第五章　奇妙的图灵机

要想发明一个能计算任何可计算序列的机器是可能的。

——艾伦·图灵

似乎计算机与工程学一样的地方更多，而不是与数学。涉及硬件或编程应用程序方面，的确是如此，但计算理论——理论计算机科学——在很大程度上是属于数学领域的。计算者通过奇怪的数学探索计算能力的外部极限，这段艰苦跋涉始于近一个世纪前，远早于第一批零星进入生活的电脑。

德国数学家大卫·希尔伯特以提出数学界难以解决的问题闻名。1928 年，他提出了“判定问题”——在有限的时间内，是否总有可能找到一个步步推进的程序，对一个给定的数学命题的真伪进行判断。希尔伯特认为答案是肯定的，但不到十年，这个希望就破灭了。

第一次打击发生在 1931 年，来自奥地利逻辑学家库尔特·哥德尔发表的一篇文章，文章介绍了公理体系（我们将在最后一章进行详解）。文章关注的是可以用来推导其他定理的公理体系——规则的集合。公理，即数学中不证自明的定理。哥德尔表明，在任何逻辑统一且大到能够包含所有算法规则的公理体系中，有些规律是天然正确的，但无法从体系内被证明为正确。换言之，总有一些数学事实是无法被证明的，这被称作“哥德尔不完全性定理”。这一启示使很多人震惊，但仍然为数学命题是否可证留下一道门，也就是说，找到一系列的步骤或算法，来决定任何给定的数学命题是否可证；如果可证，那是真还是假。但很快，这扇门也被关上了，部分是因为年轻的英国人艾伦·图灵，他对判定问题做出了最终的裁决。

图灵的一生成就与悲剧互相交织。成就是因为他是一个天才，创立了计算机科学，并缩短了二战的持续时间；悲剧是因为那个时代对于同性恋的迫害。从小时候起，图灵就展现出非同寻常的数学和科学天赋。这些都在多塞特郡谢恩伯学校得到证明。1926 年，十三岁的图灵开始就读该校，在那里结识了同学兼挚友——非常优秀的克里斯托弗·莫科姆。但 1930 年莫科姆突然去世，对图灵产生了深刻的影响。从此他沉迷于数学研究，并因为失去莫科姆而对心灵的本质和死后灵魂继续存在的可能性产生了深厚的兴趣。他认为，这个问题也许可以通过量子力学的研究找到办法。

作为剑桥大学的本科生，图灵选修了逻辑学这门课，在此期间他了解到判定问题，并决定将它作为毕业论文研究的一部分。他想通过研究证明希尔伯特是错的，他认为，并不总是存在一种算法可以决定一个特定的数学论断能否被证明。为了解决判定问题，图灵需要一种通用的执行算法的方法：一个可以运行任何设定好的逻辑指令的理想机器。他构想的是一个纯粹抽象的机器，并称之为自动机，不过很快以图灵机而闻名——他从未想到真的能造出来。它的设计非常简略，运算非常缓慢，它只是一个计算机器的数学模型，再简单不过了。

图灵机由一条无限长的纸带和一个读写头组成。纸带被划分为若干个方格，上面可能会有 1、0 或空白。读写头每次读入一个方格的信息，并且根据读写头的内部状态、方格的内容及日志或程序中的当前指令执行一个动作。例如，指令可能是："如果在状态 18 下，读取的方格数字包含一个 0，那么将其更改为 1，继续向左移动一格纸带，并切换到状态 25。"

在纸带上最初的输入是 1 和 0 组成字符的有限模式。读写头放在输入端的第一个方格处，例如最左端，然后读写头遵循收到的第一个指令。逐渐地，随着一套指令列表或程序的运行，最初纸带上的 1 和 0 字符串输出为不同的字符串，直到机器停止。等计算到达最终状态时，纸带上留下的就是输出数值。

一个非常简单的例子就是在一行 n 个 1 后再加一个 1，换句话说，把"n 变为 $n+1$"。输入的数值应该是 1 字符串后面跟着一个空白的方格；或者当 $n=0$ 时，只有一个空白的方格。给到读写头的第一条指令应该是：从第一个非空格方块开始，或者从任何方格开始，如果得知纸带完全空白，则读取方格里的内容。如果读到 1 时，指令将保持不变，并向右移动一格，同时保持相同的状态；如果它是一个空格，指令就是在这个空格里写个 1，然后停止。在字符串后添加 1 后，读写头的程序可能使它停止，或者返回开始的位置，可能再进行一次计算，并在总数中再加上 1。另外当读写头停留在最后一个 1 的位置时，可以加入一个不同的状态，并从那里开始一个新的运行程序。

某些图灵机可能永远不会停止，或者在给定的输入下永远不会停止。例如，图灵机收到“向右移动”的指令，那么不管它读到的方格是什么，都不会停止，这是很容易预判到的一点。

图灵还设想出一种特殊的图灵机，现在称为通用图灵机。它在理论上可以运行任何可能的程序。通用图灵机的纸带由两个不同的部分组成，一个部分对程序进行编码，另一个部分进行输入，其读写头则在这两个部分之间移动，并执行程序的输入指令。这个设备非常简单：同样是一条无限长的纸带，包含要运行的程序和输入或输出，再加上一个读写头。它只能进行六个基本的操作：读、写、往左移动、往右移动、改变状态和停机。尽管简单，图灵机的能力却非常惊人。

你可能至少拥有一台电脑，不管你安装的是哪种操作系统，Windows、Mac、Android 或是 Linux 等，其实都大同小异。从数学的角度来看，只要有足够的内存和时间，所有不同的操作系统都是相同的。更重要的是，它们都相当于一台通用图灵机。通用图灵机虽然乍一看非常简单，运算不是很有效率，但就其能力而言，与现有的任何计算机一样强大。

通用图灵机带来另一个被称为仿真的概念。如果一台计算机运行某个程序（称为仿真器）后能有效地变成另一台计算机，它就可以模仿后者。例如一台装有 Mac 操作系统的计算机可以运行一个程序，使其表现得像运行 Windows 操作系统一样——尽管这样要占用大量内存，运行速度也会变慢。如果这种仿真是可能的，那么两台计算机在数学上便是等价的。

程序员也可以写一个程序使得计算机能模仿任何特定的图灵机——包括通用图灵机（同样假设有无限的内存）。同样，通用图灵机也可以运行合适的仿真器来模仿任何其他的计算机。归根结底，所有计算机只要有足够的内存就能运行同样的程序，尽管可能需要根据操作系统的设置，用特定语言进行重新编码。

现实中，有各种遵循图灵原始设计的物理装备，或是为了工程练习，或是为了解释简单的计算工作原理。有许多图灵机已经通过乐高积木拼装出来，其中之一是用乐高头脑风暴 NXT 套装搭建的。相比之下，威斯康星州的发明家迈克·戴维制作的图灵机工作模型则“还原了图灵论文中所提到机器的经典外观和感觉”，它长期在加州景山城的计算机历史博物馆中展出。

正如前面已经提到，图灵设计图灵机真正的目的是解决希尔伯特的判定问题。他在1936年发表了一篇题为《论可计算数及其在判定问题中的应用》的论文。一个通用图灵机在运行任何给定的输入下可能会停止，也可能会持续运转。图灵提出一个问题：有无可能判定图灵机器是否停止？要回答这个问题，也许你可以尝试让图灵机不停地运转，看看会发生什么。但是如果它读写了很长时间，而你在某特定的点选择了放弃，就永远无法得知图灵机是刚好在那一点之后停止，还是会永远运行下去。当然，我们可以根据具体的情况来评估结果，就像我们可以算出一个简单的图灵机是否曾停机一样。但图灵想知道，是否有一种通用的算法可以决定所有的输入结果——是否会出现停机。这就是著名的图灵"停机问题"，而图灵证明了这样的算法并不存在。然后，他在论文的最后部分进一步表明，希尔伯特判定问题无法被解决。我们可以肯定的是，无论一个程序多么巧妙，在任何情况下，它都无法计算出其他程序是否会终止。

在图灵发表这篇具有里程碑意义的大作的前一个月，美国逻辑学家、图灵的博士生导师阿朗佐·丘奇独立发表了一篇论文，采用了与图灵完全不同的方法，即λ演算，得出了同样的结论。与图灵机一样，λ演算提供了一个通用的计算模型，但更多是从编程语言而不是硬件的角度；它处理的是"组合子"，本质上是作用其他函数的函数。图灵和丘奇用不同的方法分别得到了基本相同的结果，这就是后来著名的丘奇－图灵理论。这个理论的概要是：只有图灵机或者类似图灵机的机器可以运算的某些东西，才是人类能计算和评估的命题（忽略资源限制的小问题），对于可运算的东西，这意味着图灵机作为输入的给定程序（编码成二进制），可以在输出最终结果（类似编码）之前一直运行着。丘奇－图灵理论的关键含义是，对判定问题的一般解决方案是不存在的。

尽管图灵设计图灵机最初是为了解决数学问题，但实际上他为数字计算机的发展描绘了一幅蓝图。所有现代计算机的基本工作模式都与图灵机类似，因此这也被用来衡量计算机指令集和编程语言的效力。如果它们可以用来模仿任何单个纸带的图灵机，也就达到了计算机编程效力的顶峰，就可以被称为“图灵完备”。

目前还没有人能设计出比图灵机计算能力更强的机器。乍一看，量子计算机近来的发展似乎能超越图灵机，但事实上，只要提供足够的时间，即使量子计算机也可以被任何普通（经典）计算机模拟。对于某些类型的问题，量子计算机可能比经典的等效计算机效率更高，但是所有这些操作最终也是图灵机这样简单的设备能够完成的。这说明，有些事情我们不能指望通过计算获得一个确保准确的普遍答案（尽管我们可以经由一个个判例做到）。

在数学中还有一些东西表面上与图灵机无关，但通过仿真，其实本质相似，比如英国数学家约翰·康威设计的《生命游戏》这样的例子。这个游戏的最初来源是康威对美国数学家及计算机先驱约翰·冯·诺伊曼在20世纪40年代研究的一个问题感兴趣：能否设计出一个可以精确自我复制的机器？诺伊曼的解决方法是在直角坐标系中为机器建立一个复杂的数学模型。康威想知道是否有更简单的方法来证明同样的结果，于是他建立了《生命游戏》模型。康威的游戏建立在一片（理论上）无限大的方格网中，每个方格内有一个黑色或白色的细胞。一些黑色细胞的起始模式被确定下来，然后按照两条规则进化：

1. 当一个黑色细胞周围8个格子内有2个或3个黑色细胞时，它保持黑色。

2. 当一个白色细胞周围有3个黑色细胞时，它变为黑色。

规则如此简单。不过，尽管小孩子都可以玩，但是《生命游戏》却具有通用图灵机的所有功能，因此也具有任何已经制造出来的计算机的所有功能。在1970年10月那期的《科学美国人》的《数字游戏》专栏中，马丁·加德纳首次介绍康威的《生命游戏》并引起更广泛的关注。加德纳向读者介绍了《生命游戏》中的一些基本概念，如“方块”，一个2×2的黑色矩形，在规则中永不变化；“闪光信号灯”，是一个1×3的黑色矩形，中心固定在水平和垂直两种状态不断切换；“滑翔机”，是一个5单元的形状，每转四个回合就会向斜对角移动一个方格。

康威最初认为，没有哪种起始图案可以无限地增长，所有

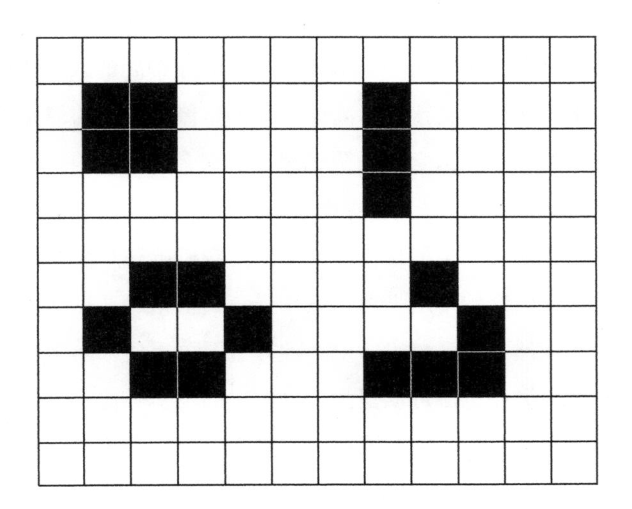

《生命游戏》的四种常见模式。左侧为“方块”（上）和“蜂巢”（下），它们都是“静物”，亦即在每一次迭代中维持原状。右上的图形叫作“闪光信号灯”，最常见的振荡物，经过几次迭代后会回到初始状态。在上图中，它在水平和垂直状态之间切换。右下的图形是“滑翔机”。

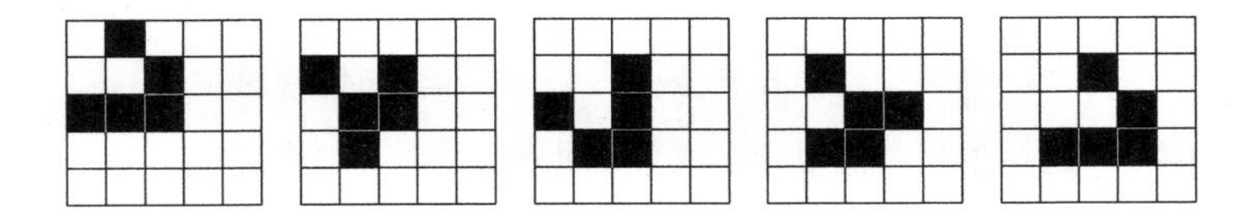

滑翔机每四次迭代后会向斜对角移动一格

图案都会逐渐达到某种稳定或振荡状态，或是直接全数灭绝。在加德纳 1970 年关于游戏的文章中，康威还发起了一项挑战，悬赏 50 美元来奖励第一个能证明或推翻这个命题的人。几周之内，数学家和程序员比尔 · 高斯伯（也是黑客社区的创始人之一）带领的麻省理工学院团队就领走了奖金。所谓的“高斯伯滑翔机枪”作为无休止重复活动的一部分，能够以每隔三十代的稳定速度射出一架滑翔机。高斯伯滑翔机枪还产生非常好看的图像，从理论的角度来看也很有趣。归根结底，高斯伯滑翔机枪对于构建《生命游戏》中的计算机至关重要，因为它们发出的一连串滑翔机流可以视为计算机中的电子类比物。然而在真正的计算机中，我们需要控制这些电子流的方法进行实际计算，这就是逻辑门的作用。

逻辑门是一个电子元件，可接收一个或多个信号，然后再输出一个信号。只用一种类型的逻辑门就可以构建一个计算机，但用三种类型的逻辑门来构建会更容易，这三种类型是：非门、与门、或门。非门当且仅当在接收到“低”信号时，输出一个“高”信号；与门当且仅当接收到“高”信号时，输出一个“高”信号；或门当且仅当接收到至少一个“高”信号时，输出一个“高”信号。这些逻辑门能组合形成可以处理和储存数据的电路。

一个由逻辑门构成的无限电路可以用来模拟图灵机。反过来，逻辑门也可以用康威的《生命游戏》的模式来模拟——具体来说，就是使用各种高斯伯滑翔机枪的组合。从这些滑翔机枪射出的滑翔机流，可以视为一个“高”信号（“1”）；而当滑翔机枪没有射出滑翔机流时，则视为一个“低”信号（“0”）。最重要的是一个滑翔机会阻止另一个滑翔机，如果两个滑翔机互相碰撞时，它们会一起消失。最后的问题是会出现一个叫作“吞噬者”的东西——由七个黑色细胞组成的简单配置。“吞噬者”可以吸收多余的滑翔机，使它们不会干扰图案的其他部分，并且自身不发生改变。高斯伯滑翔机枪和吞噬者的组合足以模拟各种不同的逻辑门的工作，并可模拟一台完整的图灵机。因此，值得注意的是，只要有足够的时间，康威的《生命游戏》可以用来模拟世界上最强大的超级计算机的工作。同样，就像停机问题所揭示的一样，在《生命游戏》之中，也无法写出一个程序来预测某个生命模式的发展。《生命游戏》，就像生命本身一样，不可预测又充满惊喜。

现代计算理论建立在图灵的理念之上，但是也包含一个图灵没考虑过的概念。在 1936 年图灵发表的著名文章中，他只关心图灵机算法的存在，而不是它们的效率。但是在现实生活中我们也希望算法的运行能够更快，尽可能快速地解决问题。要想量化出算法的速度，取决于许多需要考虑的因素，包括硬件和软件方面。例如，执行同一组指令时，不同的编程语言可能会导致不同的运行速度。计算机科学家通常使用大 O（O 即“阶”的英文 order 的缩写）概念来量化相对于输入值（n）大小的运行速度。如果一个程序运行 n 输入值，这意味着程序运行所花费的时间，即 O(n) 时间，与输入值的大小近似成正比关系。例如，当使用十进制计算两个数相加时，就是这种情况。然而，要计算两个数相乘的算法，则需要更长的时间 O(n^2)。

如果一个程序以多项式时间运行，这意味着花费的时间不超过输入量的某个固定的幂值。对大多数情况来说，这会被认为已经足够快了。当然，假设这个幂值很大——如 100 次方——程序运算时间就要很长。但这种情况很少发生。一个计算中幂值较大的算法是 Agrawal–Kayal–Saxena（AKS）算法，用来测试一个数是否为质数。这个算法的运行时间是 O（n^{12}）。因此大多数情况下，使用不同的算法要比多项式时间运行得慢，但对很多实际值来说则比AKS算法快。然而，在寻找非常大的质数时，AKS 算法有优势。

假设我们需要用一个非常简单的方法来判断一个由若干数字组成的 n 位数是否为质数，这就需要将从 2 到这个给定数的平方根的所有数字依次检查一遍，看它们是不是这个数的因数。在这个过程中我们可以利用一些捷径，如跳过偶数，但这样检测质数要花费的时间仍然会达到 O（$\sqrt{10^n}$）或者大约为 O（3^n）。这已经达到了“指数时间”，当 n 相当小的时候，就可以用计算机处理。用这种方法测试一个一位数是否为质数需要三个步骤，假设每秒一千万亿步（超级计算机的典型速度）需要 3 飞秒[①]

① 飞秒与下文的皮秒、微秒均为时间单位，其中 1 秒 =10^6 微秒 =10^{12} 皮秒 =10^{15} 飞秒。——编者注

（三千万亿分之一秒），那么，一个十位数的数字大约需要 60 皮秒来检查，而一个二十位数的数字大约需要 3.5 微秒。但是，以指数级的时间运行的程序最终会无可奈何地出现问题。对一个七十位的数字，使用我们的原始方法来计算需要大约 2.5 亿亿亿秒来验证，这比目前宇宙的年龄还要长得多。在这种情况下，快速算法证明了它们的价值。

运用 AKS 这样的算法，假设算法所用时间是输入量的 12 次方，那么验证一个七十位数是不是质数“仅仅”需要 1400 万秒，即 160 天。这对高速计算机运行来说仍然是很长的时间，但相对于指数算法下需要花费的超过宇宙年龄的时间，160 天就像一眨眼。多项式算法在现实中可能实用，也可能不实用，但对于较大的输入量而言，指数算法显然不可行。幸运的是，在这两者之间仍有一个广泛的算法范围，并且现实生活中一些接近多项式算法的算法效率往往也足够高。

到目前为止，我们讲到的图灵机都有一个重要的共同特征：算法告诉它们做什么，总是规定在任何情况下只执行一个行动。这样的图灵机被称为“确定性图灵机”（DTMs）。在给出一个指令时，它们机械地遵循该指令：不能在两个指令中“选择”。然而，我们可以设想另一种图灵机，就是“非确定性图灵机”（NTMs），它可以在任何给定的读写状态和任何输入情况下，允许执行多于一种指令。这只是设想的实验——实际上不可能造出来。例如，在非确定性图灵机的程序中，以下两个指令可能同时存在：

“当处于状态 19 时，如果看见 1，则将它变为 0，并继续向右移动”和“当处于状态 19 时，如果看见 1，则不做改变，并继续向左移动”。在这种情况下，机器的内部状态以及纸带上正在读取的输入值没有指定唯一的操作。那么，机器该如何运作呢？

非确定性图灵机会寻找所有解决问题的可能，最后选择正确的一项——如果有的话。这就好像机器是一个非常幸运的猜谜者，猜中最好的方法。用另一种方法描述非确定型图灵机可能更合理，即一种会在运转过程中不断习得计算能力的设备，因此在运算的每一步无论向它输入什么，其处理时间都不会比前一步长。例如，给定一个检索二叉树（一种每个结点最多有两个选项的数据排列结构）的任务，假设在一树中找到一个特定的数字，比如 358。在找到这个数字前，机器需要走完二叉树每一条可能的路径。一个普通的确定性图灵机必须沿着树的每条可能的路径，一步步走完所有路，直到碰到目标值。但是由于二叉树每一层的分支数以指数方式增长，在树的每一级都会翻倍，所以想找到包含 358 的结点，会花费大量的时间，除非运气好，它没有位于树的太远处。但若使用非确定性图灵机，情况就会发生很大的变化。也许计算效率会翻倍——每一层的计算时间都是相等的，不管那一层有多少结点。

理论上来说，只要有足够的时间，确定性图灵机可以完成非确定性图灵机能做到的事。但是这个“足够的时间”我们无法实现。非确定性图灵机能在多项式时间内完成确定性图灵机需要指数时间才能完成的事。太不幸了，我们永远也造不出来。但这些想象中的计算机能帮助我们解决计算机科学和整个数学中一个尚未解决的难题：所谓的“P与NP问题”。克莱数学研究所悬赏100万美元寻找能提出可证明的正确答案的人。P和NP是两组具有不同复杂性的问题的集合。P问题是指那些能够在多项式时间内通过普通（确定性）图灵机解开的问题；NP问题是，如果我们有一个非确定性图灵机的话，如何在多项式时间内解决的问题。(因式分解大数就是这样的问题。非确定性图灵机可以在多项式时间内快速搜索二叉树中的“正确”因子，而确定性图灵机需要检索每一个分支需要花费指数时间。) 因此，NP问题集合包含了P问题集合，因为任何能用普通图灵机解决的问题，也必然能在相同的时间内用非确定性图灵机解决。

我们合理猜测，NP集合比P集合大，因为它包含了只有“超凡能力”的图灵机才能处理的问题：通过让其具有令人难以置信的运气或者运行超快的速度而得到增强。然而，到目前为止，还没有证据表明常规的确定性图灵机无法做到非确定性图灵机所能做到的一切,尽管前者似乎很有可能。但对数学家而言，这种极有可能的推断与确定性之间有着天壤之别。除非有其他证明，否则仍有可能证明P集合与NP集合是相等的。这就是为什么它被称为“P与NP问题”。尽管100万美元奖金很丰厚，但当它意味着证明（或推翻）所有的NP问题都是P时，又怎么可能有人声称认领它呢？在NP集合中，存在一些所谓的“NP

完全问题”，给我们带来了一线希望。这些问题的显著之处在于，如果有一个多项式算法可以在普通的图灵机上运行并解决其中任何一个问题，那么NP集合中的每个问题也能找到一个多项式算法。在这种情况下，即证明了P=NP成立。

第一个NP完全问题——“布尔可满足性问题”（SAT），是由美国裔加拿大计算机科学家及数学家史蒂芬·库克于1971年发现的。这个问题可以通过逻辑门概念来解释。首先设定任意多个的逻辑门和输入信号（但没有反馈），并且只有一个输出信号。现在的问题是：是否有多种输入信号的组合方式能得到一个输出信号。原则上，我们通过测试整个系统中所有输入信号的组合方式，总是可以找到一个解决方案，但是这种方法与指数算法类似，非常耗时。为证明P=NP，我们必须阐明在这个问题上找到更有效的算法。

虽然布尔可满足性问题是第一个被确认的NP完全问题，但是它并不是最有名的一个。最有名的当属“旅行推销员问题”，它起源于19世纪中叶。1832年出版的一本旅行推销员手册，介绍了在德国和瑞士各地旅行的最优线路。十几年后，爱尔兰物理学家和数学家威廉·哈密顿及英国教会牧师和数学家托马斯·柯克曼首次对这个问题做了学术转化。题目假设一个推销员需要去到很多城市，并且他知道任意两个城市之间的距离，不一定必须走直线。在此情况下的问题是，如何找出一条他能去完所有城市并回到初始城市的最短路线。直到1972年，这才被证明是一个 NP 完全问题（意味着这个问题须用多项式算法证明 P=NP），这解释了为什么几代数学家后来甚至用上计算机，都难以找到复杂路线的最优解。

尽管旅行推销员问题可能很好理解，但并不比其他 NP 完全问题更容易解决，同样都非常难解。如果能找到一个多项式算法可以解决任何 NP 完全问题，也就能证明 P=NP，数学家们被这样的事实吸引着前赴后继地尝试。这样的证明有着极大的价值，包括人们将获得一种破解日常生活中极为依赖的 RSA（一种加密方法，例如用在银行业务等，将在后文介绍）的多项式算法。但很有可能并不存在这种算法。

尽管非确定性图灵机只存在想象之中，但有一种非常强大的计算机如今正在处于早期开发阶段，那就是量子计算机。正如名字所示，它们会用到量子力学领域一些非常奇怪的情况。这种计算机不以普通的比特（二进制数字）为单位，而以量子领域的比特——“量子比特”为单位。一个量子比特可以是简单的带有未知自旋的电子，由于量子效应而具有普通比特不具有的两种特性。第一，它的位置可能处于叠加状态。这意味着量子比特可能在某一时刻同时代表 1 和 0，只有在观察到时才解析为 1 或者 0。这就好像量子计算机和宇宙的其他部分一起，都分身成了两个副本，一个代表 1，另一个代表 0。只有当量子比特被观测时，它和它周围的事物才组成一个特定的值。另一个奇怪的属性是量子纠缠特性。两个纠缠的量子比特即使处于分开的位置，也会受到“神秘的远方力量”的牵引。因此，测量一个量子比特会瞬间影响到另一个量子比特的测量。

量子计算机与其他图灵机的计算能力是相等的。但是正如我们所看到的，“能够计算某种东西”（在足够的时间内）和“能快速计算”两者还是有差别。量子计算机能做的或即将能做的任何事情，用最经典的纸带图灵机也可以做到，只要我们能等上好几个地质时代或更久。效率完全是另一回事。对某些类型的问题，尽管量子计算机可能比今天的传统计算机快许多倍，但就其实际可计算的内容而言，它们的能力与图灵的原始设计完全相同。

也许我们会容易认为量子计算机是非确定性图灵机那样的，但事实并非如此。两者在计算上几乎等价，因为非确定性图灵机在“什么是计算的可能”的方面无法超越确定性图灵机（你可以编写一个确定性图灵机来模仿它们中的任何一个）。但是在计算效率上，量子计算机被怀疑逊色于非确定性图灵机——这合情合理，因为它只存在于我们的想象中。特别是，虽有待观察，但量子计算机也不太可能在多项式时间内解决 NP 完全问题。有一个问题已经用量子计算机在多项式时间内解决了，人们之前认为并不存在这样解开的问题的解（假设 P=NP 为假），那就是大数的因式分解问题。1994 年美国应用数学家彼得 · 肖尔运用该问题的量子特性，找到了一种量子算法。可惜的是，其他的问题，如已知 NP 完全问题，仍然不能通过类似的技术解决。如果出现任何一个多项式算法即能用量子计算机解决的 NP 完全问题，那么我们不得不仔细考量这种情况的特定条件，因为这可能只是特殊情况。

量子计算机和大多数新兴技术一样，带来希望的同时，也带来麻烦。后者之一是，那些曾经被认为非常安全的密码有被破解的危险，尽管研究了十几年，还没有人找到任何多项式时间的破解方法。现代加密术基于 RSA 算法，这个名字来源于三位发明者的姓氏首字母缩写：罗恩·里韦斯特、阿迪·沙米尔和伦纳德·阿德尔曼。使用这个算法，可以迅速对数据完成加密。数据在线处理过程中，这样的加密每天每秒钟会发生很多次。然而，反过来使用 RSA 算法来解密信息，则非常缓慢，需要指数时间（除非得到一些特殊信息）。这种速率不对等的机制，以及解密时需要特殊信息的设定，使得用 RSA 算法来加密非常有效。RSA 的工作方式是每个使用系统的人都有两个密码，一个是公钥，一个是私钥。公钥允许加密，并且每个人都知道，而私钥允许解密，只有私钥的持有者知道。发送信息很简单，因为它只涉及应用带有公钥的算法，但信息只能由有私钥的预定接收者读取。理论上，在知道公钥的情况下可以解开私钥，但这取决于能否对数百位的巨大数字进行分析。如果公钥足够大，则需要世界上所有的计算机——它们在一起工作的时间比宇宙的年龄还长——来解密我们日常在银行业务以及其他加密交易中发送的消息。然而量子计算机的出现，可能会改变这一切。

2001年，肖尔算法，一种在多项式时间内分解数字的算法，使用一台七个量子比特的计算机，将15因式分解为3×5。十年后，用同样的方法将21因式分解。可笑的是，这两个成就并没有引起太多关注，因为学过乘法表的小朋友都可以毫不费力地做到同样的事。但是在2014年，一种不同的量子计算机技术被用来寻找更大的数的质因数，其中最大的是56 153。当面对并尝试对数百位数字进行因式分解时，哪怕是这样的数字也不足为奇。但是当具有越来越多量子比特的量子计算机逐渐问世后，有效破解所有RSA密码可能只是时间问题。一旦这样的事成为现实，那么当前在线交易的加密方法将不再安全，银行业和现代生活依赖数据安全传输的各个方面都将陷入混乱之中。也许到那时，人们有可能基于某个“NP难问题”而开发一个新的加密系统。NP难问题换句话说，不一定属于NP集合，但是至少与解开NP完全问题一样难。NP完全问题在最坏情况下非常难解，但是在更典型的情况下，通常可以找到一些好的算法。他们会给出一种加密方法，通常很容易破解，但也有极小的可能性变得极其复杂。我们需要的是一种总是非常难以解开、需要花费指数时间或更长的时间来破解的加密方法。目前虽然这样的加密方法还没有发明出来，但确有可能。如果量子计算机不能破解NP完全（因此是NP难）问题，而我们能找到相当程度的加密方法，则我们的密码安全可能又重新有保障了（至少在一段时间内）。

大部分计算机学者怀疑 P≠NP。这是因为在过去几十年的研究中，对已知超过三千个重要的著名 NP 完全问题，都没有人找到一个只花费多项式时间的算法的解。然而，迄今为止数学家们失败的论证并不是很令人信服，特别是考虑到费马最后定理的意外证明。一个简单陈述问题需要花费大量的努力和使用先进的方法来解决。仅仅从哲学上去相信 P≠NP，显得不那么有说服力。麻省理工学院的理论计算机科学家斯科特·阿伦森曾说过：如果 P=NP，世界会与我们通常想象的很不一样。但这个“创造性的飞越”并没有特别的价值，实际解决问题和发现问题的解决方法之间没有本质的差距。然而，数学和自然科学完全有能力让我们毫无防备，并几乎在一夜之间改变我们的知识世界观。假设 P=NP 真的被证明出来，那么首先它可能还没有什么使用价值，因为证明所用的方法（如果存在的话）很可能不够完善。换句话说，即使一个证明可能表明 NP 完全问题存在多项式时间内的算法，它也不能被用以描述任何问题。至少在一段时间内，我们的加密信息还是安全的，不过一旦数学界开始全力寻找这样的算法，还能维持多久可就不确定了。

无论何时，在 P 与 NP 问题或者更强力算法的任何发展威胁到我们的数据安全之前，量子力学可能会向我们伸出援手。量子密码学领域也许能设计出一套完全无法破解的密码，无论你用什么解密技术对付它。早在 1886 年，就已经出现这样的不可破解的密码文件，被称为“一次性密码本”。它的密钥是一长串随机字母，其长度与信息长度相等。信息与密钥结合使用是将信息的字母转换成数字（如 A=1，B=2，以此类推），然后将所有信息和密钥的字母对应的数字相加，如果总和大于 26，则减去 26，再转换成字母。这样的加密方式已被证明是不可破解的。即便有人能够有足够的时间尝试每一种组合，他也没法在每一种可能的错误信息中辨认出正确的信息。但整套系统的运作取决于密钥在使用后是否被销毁，因为如果密钥被重新使用，那么任何拥有两次加密消息的人，在知道密钥被重新使用的情况下都能将密码破解。同样，这个密钥只能私下传递，任何获得该密钥的人都可以立即将所谓的安全信息解密。苏联间谍曾使用过一次性密码本，并将它们记载在高度易燃的小本子上，以便随时销毁。如今，在美国总统和俄罗斯总统建立的热线中，一次性密码本仍在使用。但是密钥只能私下安全地传递，这是个很大的缺点，在大多数情况下非常不实用，例如在线交易。

量子力学有望改变这种现状。量子力学基于这样的事实：测量光粒子或光子的某种特性，即所谓的偏振时，会影响偏振。（偏振描述了与光子相关的波以与运动方向成直角振动的方式。）关键的事实是当某个特定方向的偏振被测量了两次，其结果将一致。一种测量偏振方法是使用一种叫作正交滤波器的滤波器。如果光的偏振成垂直或者水平状，在通过正交滤波器后，会保持它的偏振。如果光的偏振开始时朝向其他方向，光线仍将通过，但其偏振会变为垂直或水平。另一种测量偏振的方法是使用对角线滤波器，它的原理方法与正交滤波器相似，但是光在水平与垂直方向之间振动。该加密系统的最后组成部分是另外两个滤波器。其中一个要测量通过正交滤波器的光的偏振是水平方向还是垂直方向；另一个要测量的通过对角线滤波器的光的偏振是在哪一个对角线方向。

假设我们要用一次性密码本发送一个随机的比特。我们会随机将光子发送通过正交滤波器或对角线滤波器，记录它的偏振方向是水平还是垂直的。接收者收到以后，我们对同样一个光子再次测量。他们会告诉我们用的是哪种滤波器，我们确认自己用的是哪种滤波器。如果两次测量使用的滤波器相同，则这一比特可以被储存下来用于一次性密码本，供以后使用。如果不是，则这一比特会被舍弃并重复此过程。在光子通过系统以后，窃听者将无法在过程中得知哪个滤波器被使用了，并且无法再次测量。此外，在偏振测量之后，结果可以更改。在有了足够多比特的情况下，我们可以对其中一小部分进行比较，然后丢弃。如果所有比特都互相匹配，则这个信道可以被视作安全的，剩下的比特就可以安全地用于一次性密码本。如果不是，则暗示存在一个窃听者，那么所有的比特都会被丢弃。因此，量子加密法不仅可以保护一次性密码本不受到窃听，还可以检测到窃听的企图，这是目前传统的加密法无法做到的。

现在，量子计算的发展十分迅速。2017 年，萨塞克斯大学的物理学家公布了未来大规模量子计算机的建设计划，从而让所有人都可以免费获得量子计算机的设计。萨塞克斯蓝图展示了如何避免一个被称为“退相干”的问题。这个问题曾阻碍了之前的实验室研发十个或十五个以上量子比特的计算机的进程。它还介绍了一些能够制造出大量具有量子比特的强大量子计算机的具体技术。这些技术包括将被困住的室温离子（带电原子）当作量子比特使用，应用电场能将离子从系统的一个模块推向另一个模块，通过微波和电压变化来控制逻辑门。萨塞克斯团队接下来打算制造一台小型量子计算机原型机。同时，谷歌、微软的团队和许多新兴公司，如 IonQ 等，也正在研究自己的量子计算机计划，这些方案基于室温离子技术、超导技术或是（由微软研发的）拓扑学量子计算技术。IBM 也已宣布“未来几年”将一台五十个量子比特的量子计算机推向市场。科学家们已经在展望，拥有数百万或十亿个量子比特的量子计算机正成为现实。

如果图灵今天还活着，毫无疑问也会参与到计算机领域的最新发展中，包括很有可能的量子计算机的理论工作。如果他生在现世，应该能避免他那个时代对性普遍持有的敌视态度，而正是这导致其英年早逝。但有一件事他会发现没有改变，那就是算法和通用计算的概念，通过他非凡而又非常简单的机器，他在发展过程中创造了如此重要的价值。

第六章　太空音乐

音乐难道不可以描述为感性的数学，而数学是理性的音乐？音乐家感受数学，数学家思考音乐：音乐在梦中，数学在现实中。

——詹姆斯·约瑟夫·西尔维斯特

音乐的核心是数学的。人们常说数学是一门通用语言，可以作为首选的交流手段连接不同星球的智慧物种，这种普适性对音乐来说可能也是如此。事实上，我们已经将一些人类的音乐发送到太空，希望那里的生命可能听到从而对创造它的生命体有所了解。

1977 年 9 月 5 日发射的旅行者一号，成为近来首个进入星际空间的人造物体。它飞过木星和土星，飞出了太阳系，并于 2012 年越过太阳风顶。太阳风顶是太阳磁场影响的终点，也是影响银河系其他部分的起点。它的姐妹船旅行者二号于同年发射，同样驶向遥远的虚空宇宙，但方向不同。这两个飞行器都与地球保持着联络，从它们逐渐减少的动力储备所能支持的少数科学实验中传回数据。但在可预见的未来，这两个飞行器都不可能与另一星系发生任何亲密接触。相较于浩瀚的星际距离，它们的速度实在太小，甚至要花数万年才能到达最近的恒星半人马座比邻星——假设它们是直接朝向它飞行（其实并不是）。

据 NASA 目前的估计，在大约四万年后，旅行者一号会到达距离恒星格利泽 445 号 1.6 光年的范围内，旅行者二号会到达距离恒星罗斯 248 号 1.7 光年的范围内。不过等到这场遥远的飞行完成时，这两个探测器早已经耗光燃料了。然而，它们的结构还可以保存完好上百万年，在银河系中飘荡，而且——谁知道呢——可能某天被一群先进的外星人发现，他们会对探测器的来源及其创造者感到好奇。在这种不太可能发生的情况下，每个探测器都携带了一张镀金铜质留声机唱片的信息，其中包含描绘地球上各种生命、自然环境和人类社会的声音和图像。除了 116 幅图片、各种自然声音、57 种语言的问候语录音外，旅行者金唱片还收录了90分钟来自世界不同年代和地区的音乐，如斯特拉文斯基的《春之祭》、印度尼西亚加美兰乐曲、巴赫的《第二勃兰登堡协奏曲》、查克·贝瑞的《约翰尼·B. 古德》等。人们还非常周到地附上一根唱针和编码过的操作方法，以便外星人能顺利播放唱片。但假设，如果真有外星人找到其中一张唱片并按计划顺利播放，问题是他们能否辨别出唱片中的内容都是什么吗？同样，如果我们的耳朵以某种形式听到了外星人的音乐，我们会欣赏吗？

我们中的一员（戴维）是歌手和作曲家，他的专辑《宇宙之歌》将科学与音乐结合起来，创作了《暗能量》等曲目。就像这些带有科技感的音乐一样，音乐制作的创作中也有科学，而且在音符与音阶之间的关系中，数学更早深植其中。

是古希腊人首先发现，音乐和数学之间存在的紧密联系。公元前 6 世纪，毕达哥拉斯和他的追随者，围绕“万物皆数”的理念建立了一个绝对的狂热教团。他们认为整数尤其重要，从 1 到 10 每个数都有其独特的意义和含义——如 1 是其他数字的“生殖者”，2 代表“观念”，3 代表“和谐”，以此类推，一直到 10。10 是最重要的数字，被称作“四元体”，因为它是由前四个数字 1、2、3、4 的总和组成的三角数。偶数被认为是女性，奇数则是男性。在音乐方面，毕达哥拉斯学派喜出望外地发现，最和谐的音程与整数的比例相对应。正是这个他们在知识层面上极推崇的数字，就像简单的分数一样，决定了哪一组音符最悦耳。在中间点（2∶1）按下的振动弦听起来比不按时高出一个八度。按住弦弹奏，使琴弦的振动段与整根弦的长度之比为 3∶2，能得到完美的“纯五度”，之所以这么叫，是因为它是音阶中的第五个音符，与根音高度一致。同样 4∶3 的比例能得到一个“纯四度”，5∶4 能产生一个“大三度”。由于音符频率取决于弦长的比例大小，这些比例同时也给出了音符频率之间的关系。

这些比例中最简单的（除了八度音阶）——“纯五度”——是毕达哥拉斯调音法的基础，现代音乐理论家认为源于毕达哥拉斯及其兄弟会。从音符D开始，往上和往下各移动一个纯五度，能分别得到音阶的其他音符，A和G。现在从A往上移动一个纯五度，再从G往下移动一个纯五度，这样持续下去，最终我们会得到一个以D为中心的十一分音符的音阶：

E♭–B♭–F–C–G–**D**–A–E–B–F♯–C♯–G♯

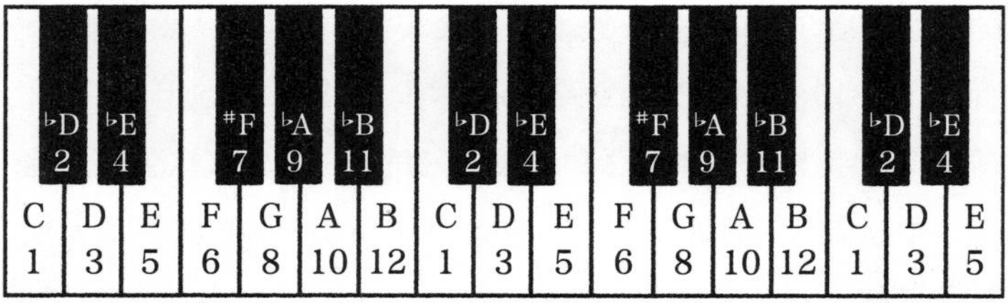

♭D 2 ♭E 4 ♯F 7 ♭A 9 ♭B 11 ♭D 2 ♭E 4 ♯F 7 ♭A 9 ♭B 11 ♭D 2 ♭E 4
C 1 D 3 E 5 F 6 G 8 A 10 B 12 C 1 D 3 E 5 F 6 G 8 A 10 B 12 C 1 D 3 E 5

音符－琴键示意图

在没有调整的情况下，这将涵盖一个非常广泛的频率范围，相当于钢琴上的77个音符。为使音阶更加紧凑，低音符通过将频率乘以2或者4转换到一个更高的八度，同样，高音符通过向下移动一个或两个八度音阶，将这些音符压缩之后，就形成了我们的基本八度音阶。西方的音乐家一直使用毕达哥拉斯调音法，直到 15 世纪末其因无法适应种类繁多的乐曲演奏而不再流行。

毕达哥拉斯学派对振动弦的简单比例等同于和谐音程这个发现如此迷恋，他们相信宇宙是以整数为基础建立的，并且认为在宇宙中也能看到音乐和数学的美妙融合。根据他们的宇宙学论，宇宙的中心是一团巨大的火焰。在火焰的周围，有十个天体沿着透明的天球运行，它们同样沿着圆形轨道旋转，从中心向外依次分别是：反地球、地球本身、月球、太阳、已知的五颗行星或称“流浪星”（水星、金星、火星、木星和土星），以及固定的恒星天球。他们教导说，这些球体之间分割的距离与弦的和谐比例相等，因此天体的运转会产生一种“星体的和谐”的音律（当然人耳无法听到这个声音）。

希腊语 *harmonia*（联合或一致）和 *arithmos*（数字）都来源于印欧语系中同一个词根 *ari*，而这在英语“节奏”（rhythm）和“仪式”（rite）中也会出现。哈耳摩尼亚（Harmonia）也是希腊神话中象征和平与和谐的女神。这很相称，因为她的父母是阿瑞斯（战神）和阿佛洛狄特（爱神）。毕达哥拉斯学派这种由天体之间距离产生和谐音乐的思想一直盛行了整个中世纪。“宇宙音乐”哲学成为大学四艺之一——四门主要学科包括算术、几何、音乐和天文学。它们是在三艺（语法、逻辑和修辞）之后教授的。这个教学体系是基于柏拉图的高等教育课程标准制订的。四艺的核心是对各种形式的数的研究：纯数（算术）、抽象空间中的数（几何）、时间中的数（音乐）和时空中的数（天文学）。在毕达哥拉斯的带领下，柏拉图发现音乐和天文学的密切联系：音乐向耳朵表达了简单的数字比例之美，而天文学是向眼睛来表达美。通过不同的感官，两者都表达了基于数学的内在统一性。

两千多年以后，德国天文学家约翰内斯·开普勒将音乐宇宙的概念向前推进一步，他将宇宙的基本形状与旋律音乐联系在一起。开普勒和同时期许多其他的知识分子一样相信占星术，并虔诚地信奉宗教，但他同样是文艺复兴时期科学领域的关键人物。开普勒最有名的成就是他发现的行星运动三大定律，建立在丹麦贵族第谷·布拉赫对于行星的精确观察上。在职业生涯的早期，开普勒就着迷于一个概念，即行星在太空中的间距具有几何学规律。在波兰天文学家尼古拉·哥白尼早先提出的以太阳为中心的太阳系模型之上，开普勒在1596年发表的文章《宇宙的奥秘》中增加了一些新的观点——他认为，五个柏拉图立体（三维空间中唯一的正凸多面体）是掌握宇宙间距的关键。按照某种特定顺序内切和外接这些多面体——八面体、二十面体、十二面体、四面体和立方体——开普勒认为可以产生球体，而六颗已知的行星（水星、金星、地球、火星、木星和土星）就在其中运动。看来，上帝可能不像毕达哥拉斯学派相信的那样是数字学家，而是一个几何学家。

仅仅是推测还不够，开普勒当时还进行了一些声学实验。在 17 世纪初期，用实验检验思想在学术圈还是一个新奇的概念。利用一个单弦琴，开普勒检查弦停在不同长度时发出的声音，并用耳朵来判断哪部分的声音最悦耳。除了对毕拉哥拉斯学派至关重要的纯五度，他发现三度、四度、六度和许多音程也是协和音程。他试图弄明白，这样和谐的比率在天体中是否存在，这样过去天体之间和谐比率的概念也就能与时俱进，并与最新的观测数据相吻合了；也许行星和太阳之间最大和最小距离的比率，符合他找到的一些和谐比率。但事实上并非如此。他又推测行星在最远点和最近点的运动速度是否符合一定的比率，他从观测中知道，在这两点上，行星相对太阳的运动速度分别是最慢和最快的。他认为，运动状态会是一个比距离更能够模拟弦的振动的状态。利用对行星性质的理解，开普勒似乎找到了一些联系。以火星为例，它的轨道速度的极限比（以穿过天空的角运动来衡量）约为 2∶3，与直到 19 世纪末人们所知的纯五度的比率相同。木星的轨道速度的极限比约为 5:6（小三度），土星的轨道速度的极限比约为 4∶5（大三度）。地球和金星的轨道速度极限比分别为 15∶16（大致是音符 mi 和 fa 之间的差别）和 24∶25。

这些对应关系后来证明是偶然发生的，开普勒受到鼓励去研究宇宙和谐的更细微之处。他研究了太阳系相邻的星系的速度比，并且相信这种和谐比率不仅支撑单个行星的运动，也支撑着它们如何彼此相对的运动。他将这些研究都囊括在关于如何与音乐中的和谐音程相联系的行星运动的宏大统一理论中，并在1619年发表了巨著《宇宙的和谐》。

此后不久，他又发现了今天所谓的开普勒第三定律。他发现行星绕太阳一圈所需的时间与它和太阳的距离之间有精确的联系，即：行星公转周期的平方与它轨道半长轴的三次方成正比。这是今天的物理课上都会讲到的关系，但最初是开普勒在研究宇宙和谐结构的神秘时发现的。

开普勒通过一个重大发现将天文学推进现代，即行星的运动轨迹并不是前人认为的圆形，而是椭圆形。这也为牛顿的万有引力理论奠定了基础。但不太明显的是，它还为音乐中更灵活和更有创造力的调音系统打下了基础。在开普勒的声学空间实验中，他想研究是否存在一个最小音程——一个最小共有音程单元——可以用来构建所有和谐音程。但他并没有找到这样的音程。就像行星轨迹并不是基于完美的圆形一样，也没有一种简洁的方法能用一个基础音程来创造出所有的音乐和谐。当你试图改变一段乐曲的声调时，这一点变得尤为明显。

基于层叠的五度毕达哥拉斯调音法是所谓“自然调谐”的一个例子，音符的频率与较小的自然整数的比率有关。如果我们以C大调的音阶为例，把它分成八个音高（CDEFGABC），并使主音（或根音）C的比值为1∶1；与第五个音符G的比值为3∶2……在毕达哥拉斯调音法中，C以上的音符相对于C的频率比例如下：D：C 9：8、E81：64、F4：3 、G3：2、A27：16、B243：128、C（高八度）2：1。如果我们保持同一个调或者使用人声之类灵活的乐器，那么这种安排在演奏时能对音调作很好的微调。但任何形式的单纯调音都会遇到钢琴这样的问题，因为一旦调好，就只能发出特定频率的声音。

在开普勒之前，作曲家和音乐家们已经开始突破毕达哥拉斯调音法的僵化限制。但在开普勒时代，至少在欧洲，人们才首次从自然调谐的概念中走出来。这一趋势的开拓者是伽利略父亲文森佐·伽利莱，他倡导在后来被称为十二平均律的基础上使用十二音阶。在这个系统中，每一对相邻的音符被相同的音程或频率比隔开。有了十二个半音阶，每个连续音程的宽度以 $2^{1/12}$ 或 1.059463 倍来增加。例如，想象在现代管弦乐队调谐中一个从中央 C 位置往上开始的 A 音阶，其频率是 440 赫兹(每秒不断循环)，下一个音符是升 A，其频率是 440×1.059463，大约等于 466.2 赫兹。而从初始音往上十二个音程之后我们得到一个八度音阶，它的频率是 $440 \times 1.059463^{12}=880$ 赫兹，正好相当于初始音阶频率的 2 倍。

这样的设定使得十二平均律中除了主调音法和八度音阶，没有一个频率与自然调谐法中的音符相对应，尽管四度和五度如此接近，几乎很难分辨。十二平均律是一种折中的存在：它不像自然调谐发音那么纯正，但有一个巨大的优势，就是能在任何调上根据需要演奏出可接受的基本和谐音乐。它使得钢琴这样的键盘乐器更加实用和具有音乐灵活性，在作曲和管弦乐编曲方面开辟了广阔的新视野。

如今，十二平均律在西方音乐中几乎被广泛使用。但在世界其他地方，不同的调音系统已经发生演变，这也是东方与中东地区的音乐对西方听来说具有独特的异域风情的原因之一。例如，阿拉伯音乐建立在二十四平均律的基础上，因此能够自由使用四分音符。然而，在任何给定的一段表演中，二十四个音符都只会出现一小部分，这是由木卡姆或旋律类型所决定的——这与西方音乐中十二个音符中通常只出现七个是类似的，是由主音所决定的。就像印度拉格和其他西方世界以外的传统音乐形式一样，即使是最精妙和持久的即兴表演也存在严格的规则，它们支配着音符的选择和它们的关系，连同这些音符的模式和旋律的进行。

从小时候开始，我们的大脑就习惯了生活环境中无处不在的音乐，就像适应本地方言、家乡食物，以及伴随我们长大的生活方式一般。其他文化的音乐听起来有些不同寻常，令人惊讶，但大多数情况下，仍然是悦耳的。我们需要花些时间来习惯其他国家音乐的不同音阶、音程、节奏和乐曲结构，但几乎总能认可这也是一种音乐形式。这是因为所有音乐都是基于声学模型构造起来的，可以简化为相对简单的数学关系，这些关系支配着旋律、和声、节拍等元素。

然而，对音乐的定义是否全世界都一致？这个问题目前还众说纷纭。实际上在西方，特别是在过去一个世纪，出现了许多听觉方面的探索和发展来讨论所谓音乐的边界究竟在哪里。其中就包括了无调性音乐（缺乏通常的调性中心的音乐）和实验性音乐（故意打破了作曲、调音和乐器演奏的习惯规则的音乐）。后者的先驱者是美国作曲家和哲学家约翰·凯奇，他的《4分33秒》是一首三乐章的作品，一位（如钢琴家）或多位（如一个完整的管弦乐团）演奏者在整个乐章中什么也不演奏。观众唯一能听到的声音是其他的声响——人的咳嗽声、椅子吱吱作响、外面的嘈杂声等。凯奇是在参观哈佛大学的消声室时得到的灵感。消声室是一个完全没有回声的房间。之后凯奇感动地写道："这世界上根本不存在完全空白的空间或时间，我们总在听到和看到一些事物。即使是创造绝对的安静，我们也很难做到。"凯奇希望这部作品能被认真对待，但可能不可避免，其他人看到的是它有点好玩的一面。马丁·加德纳在《无》一文中写道："我没听过《4分33秒》，但朋友们告诉我这是凯奇最好的作品。"

无论我们如何定义它，音乐并不是只属于人类。许多其他物种发出的声音通常也被认为是音乐，其中最突出的是鸟类和鲸鱼。鸣禽是动物世界的音调表演家，已知的有4000多种，包括云雀、莺、画眉和嘲鸫等科。唱歌的通常是雄鸟，要么是为了吸引配偶，要么是为了宣示自己的领地，或者经常是两者兼有。在撒哈拉沙漠过冬的雄性莎草莺，一到春天比雌性莎草莺提前几天返回欧洲。它们日夜不停地歌唱，寻找潜在伴侣，同时监视和保卫自己的领地。在找到伴侣之后，它们会突然安静下来。每种鸟类都有一首特定的、不变的歌曲，但它们会辨别出彼此的声纹不同，就像人类的声音听起来不同，即使他们在唱同一曲调的歌。有些鸟类，如苍头燕雀等，有一套固定的乐句曲目。如果一只苍头燕雀唱了一个特定的乐句，它的邻居会用类似的乐句——一种回声——来回答它。根据某种说法，可能是为了判断它们之间的距离。

鸣禽的歌声显然音调优美，许多作曲家，如维瓦尔第和贝多芬等有时从它们身上获得灵感。它们的歌声是否符合人类音乐的结构标准，我们尚不清楚。鸟的歌声和人类的音乐有一些相似性，仅仅是因为声学规律，以及用喉咙和嘴发声的方式所决定的。例如，总的来说我们和鸟类都喜欢使用音高间隔不大的相邻音符，并喜欢在小节末尾使用长音。那么问题来了，鸟类是否像人类一样，在其啭鸣中证实了音符（明确的音阶）和其他有序模式之间存在某种关系。在这方面，目前人们的研究还不多。但有一项研究以哥斯达黎加和墨西哥南部的夜莺鸫鹟（一种非常善于歌唱的鸟类）为研究对象，探寻它们的歌声中是否存在可能与人们的全音阶、五声音阶或半音音阶相对应的音程。结果这项研究表明，除了可能的巧合外，根本没有匹配。这并不意味着鸟类的歌唱没有意义可言——至少对其他鸟类来说——它们只是不遵循西方音乐体系的音程而已。因此，当我们发现这些声音既美妙又有规律，这表明它们应是某种类型的音乐，尽管未必是我们的同类。

鲸和海豚等鲸目动物的发声比鸟类发出的任何声音都要复杂许多。鲸类使用它们声音来交流和回声定位。特别是座头鲸的“歌声”，被认为是动物界最复杂的声音，但它既不是音乐，也不是传统意义上的交谈声。它们的每首歌曲都由可能持续几秒钟的爆破声或“音符”组成，频率忽上忽下或者持续不变。声音的频率范围从我们能听到的最低频率到比最高频率稍高的一点。此外，随着声音持续时间的变化，其音量可能也会发生变化。几个这样的音符构成一个子乐句，持续 10 秒钟左右；两个子乐句构成一个乐句，并作为一个主题，被鲸鱼在几分钟内不断重复。一组这样的主题组成一首歌曲，持续半小时左右，然后一遍遍重复唱上几小时甚至几天。在某一时刻，同一地区的所有座头鲸都唱同样的歌，但随着一天天过去，它们会改变歌曲的细微节奏、音调和持续时长等。在同一地理区域生活的鲸群拥有相似的歌曲，而生活在不同海域或不同海洋的鲸群的歌曲则完全不同，尽管底层构成方式都是相同的。我们目前已经知道，鲸群的歌曲一旦随着时间演变，便不再会变回原来的样子。数学家们用信息论分析鲸群的歌曲，发现其具有复杂的语法和丰富的多层结构。这些在人类语言以外还未曾发现过。但无论鲸群在做什么，它们都不会有定期交谈。因为这样的歌声虽有细微而持续的变化，但过于重复了。你可以把它们想象成爵士乐或蓝调音乐，尽管容许甚至鼓励即兴演奏和即兴发挥，但演奏还是要遵循明确的规定。关于鲸类歌曲功能的一个线索是，仅有雄鲸歌唱，并且最有创造力、歌声变化最多的雄鲸似乎更能吸引到雌鲸伴侣。但我们难免会猜想，鲸群在会这样的集体即兴演奏中度过一段美好时光。

对我们而言，鲸类的歌声优美空灵。人们把它们的声音收录在 CD 中以求得到放松，治愈身心。鲸类的歌声也收录进了旅行者号探测器携带的金唱片之中。这些歌声 20 世纪 70 年代由海洋生物学家罗杰·佩恩在百慕大海岸附近用水听器录制。美国科学作家蒂莫西·费里斯是参与金唱片的制作人之一，他表示聪明的外星人可能比我们更能明白鲸类的歌声，因此金唱片中收录了一段很长的鲸歌，并与人类的各种问候语重叠在一起。费里斯认为，对外星人而言，“鲸的声音不影响问候的声音，如果他们感兴趣，可以将鲸的声音提取出来”。

音乐像爱情、生活一样，很难去定义。我们也许会说，当我们听到时，自然就能了解，因此这样的定义变成了个人或集体的口味——一种纯粹主观的东西。没有人会严格地说贝多芬和披头士的作品不具有音乐性。那么鸟类的歌唱呢？一些前卫的声音艺术家的作品又该如何定义呢？如约翰·凯奇和哈里·帕奇，后者还专门制造乐器来挑战现代西方音阶体系和音乐和谐的正统观念。如果我们想要对音乐提出一个客观的定义，需要求助于声学科学和数学定律，最终将声音和声音组合简化为数学。同样，我们如何选择由我们自己决定，但无论选择什么，至少都会涉及一些元素的组合，一些没有它们音乐就不可能存在的元素：旋律、和谐、节奏、速度、音色，也许还有其他。一旦选定一套标准，并按程序输入电脑，就有可能分析任何声音，并根据我们定下的评判标准来判断它是否为音乐。这个音乐的定义标准可以按照我们的要求，具有包容性或排斥性，这取决于我们撒出去的网的宽度，但它们不能如此宽泛到包括所有声音，甚至不包括所有规律的声音。例如，海浪拍打岸边是舒缓美妙的声音，并且有一定规律的节奏，但是大部分人都不可能认为这是音乐。

我们目前所理解的所有音乐的背后，包含某种智慧的成分。我们可以想象，一个自然体系也许能制造出真正的音乐段落，就像大自然某些事物能创造出斐波那契螺旋线这样展现美丽的螺旋空间一样。但这样的自然体系迄今为止还没有发现。就我们所知，创造合格的音乐似乎需要某种形式的大脑，不论是人类、鸟类、鲸类，还是计算机。因为音乐的本质是数学，而据我们所知，数学也是普遍存在的。因此如果在银河系或其他星系存在有智慧的外星人，他们很可能也会发明出某种形式的音乐。外星人的音乐可能也非常多样，如同地球上一样。我们的音乐涵盖了格里高利圣歌、弗拉门戈、蓝草音乐、加美兰、能乐、融合爵士、迷幻摇滚、浪漫派古典音乐，还有世界上许多地区和跨时代的音乐类型等。现在，再加上我们人类从未构想过的新音乐形式，那么穿越宇宙空间的外星人音乐构成的范围就变得显而易见了。更重要的是，人类对于音乐的欣赏受到生理条件的限制，特别是我们耳朵能敏感地听到的声音频率范围——大约在20赫兹(每秒周期）到20000赫兹之间。其他动物能听到的声音远远超出这个范围：大象能听到大约16赫兹的声音，某些蝙蝠能听到高达约20万赫兹的声音。从理论上讲，外星人的生理结构能够处理的声音类型是没有限制的，包括频率、振幅，以及辨别音高和节奏等差异的能力。他们的处理能力或在任何物理参数方面，可能远超我们的大脑或最快的计算机，能欣赏一些我们听不到的复杂声音，如果某种意义上那算是音乐的话。

在无穷无尽的宇宙中，正在飘荡的旅行者号探测器上的金唱片中收录的音乐，哪些最能被外星人识别为音乐呢？这有很多讨论。有人认为应该是巴赫的音乐，因为它最遵循数学规律。事实上，在二十七首长达90分钟的音乐节选中，有三首来自巴赫——《F大调第二勃兰登堡协奏曲》节选、《E大调小提琴第三组曲加沃特舞曲》节选，以及《平均律钢琴曲集》第二卷C大调第一首前奏曲与赋格——总长12分23秒，大约占了音乐节选总长的1/7。这反映出编录金唱片的人的信念，巴赫的作品具有高度结构性，包括巧妙而复杂地运用复调来交织多个旋律线等，这会吸引任何遇到探测器的外星人的智慧和审美。

科学家和作家都好奇外星人的音乐究竟是什么样。在电影《第三类接触》中，外星人在主音阶中弹奏了五个音符序列“re

mi do（低八度）do sol”来打招呼。在故事里，他们一直听我们的音乐后也许会模仿我们，希望它听起来很熟悉。也许银河系的其他物种也会想出来与我们一样的音阶结构，因为它们在数学上是最简单的，也是用来制作有吸引力的旋律和声的最佳音阶，不论你是在地球上还是在四万光年以外的第四行星上长大的。如果数学是普遍存在的，那么音乐的基础虽然有许多变化，如音阶和调谐方法等，但也可能是普遍存在的。而十二平均律的发展有一定的必然性。当宇宙中不论何处的外星人想要弹奏各种不同乐器，并将它们调谐到不同的主音上，其有可能会再次出现的。

如果人类最终能与外星人建立某种联系，那么很有可能是通过音乐来实现的。这不是一个新想法。17 世纪时，英国牧师、赫里福德主教弗朗西斯 · 戈德温在《月球上的男人》（在他死后的 1638 年出版）一书中描述：勇敢的宇航员多明戈 · 冈萨雷斯遇到了一群通过音乐语言交流的月神种族。戈德温的想法建立在耶稣会传教士返回欧洲时对汉语的口语及其声调的描述之上。在戈德温的故事中，月神人用不同的音符来表示他们字母表中的字母。

20 世纪 60 年代，德国射电天文学家塞巴斯蒂安 · 冯 · 赫尔纳在搜寻地外文明计划领域发表大量文章，他认为音乐可以作为星际交流的媒介。他还认为，外星人的音乐很有可能与我们的音乐存在某些共同之处。不论在哪里演变，同时演奏多个音符的复调音乐，是数量有限的可解决方案中唯一能产生和谐的声音。为允许一个键调制到另一个键，一个八度音阶必须被分成相等的部分，相应的音调必须在频率上与其他音调保持一定的数学比率。在西方音乐中出现的妥协方案是十二平均律。冯·霍尔纳认为这个音阶可能会出现在外星人的音乐中，就像为复调提供这种方案的一些音阶：5 音音阶和 31 音音阶等。17 世纪，克里斯蒂安 · 惠更斯等学者认为，听觉系统比人类更为敏锐的生物可能会选择 31 音音阶。那些因生理特征不太擅长区分间隔很近音调的外星人，更可能会选择 5 音音阶。

我们常常会想象，从外太空收到的第一个信息内容应该是科学或数学性质的。但是，还有什么方式比发送一段真正的好音乐来表达更好的问候呢？这段音乐不仅具有严密的逻辑基础，而且充满了创作者的激情和情感。

第七章　神秘的质数

数学家试图发现质数序列中的一些秩序，但迄今都失败了。我们有理由相信，质数是我们人类永远无法探究的奥秘。

——莱昂哈德·欧拉

数学家们现在面对的最大问题可能就是黎曼假设了。

——安德鲁·怀尔斯

质数是指只能被1和自身整除的自然数。也许这听上去没什么了不起，但质数在数学中的地位的确举足轻重。毫不夸张地说，目前一些还未解开的重大数学谜题都与质数有关，且质数在日常生活中有许多重要的意义。例如当你使用银行卡时，银行计算机会通过一种算法来验证你的身份，这个算法将一个极大的数字破解成两个已知质数的唯一乘积。质数，这个数学中的“怪胎”，成为日常生活中金融安全的保障。

前几个质数是2、3、5、7、11、13、17、19、23和29。所有不是质数的数称作合数。1不被视为质数——尽管它在理论上是——如果1是质数，会使得一些现有的数学定理复杂化，包括一个非常重要的定理，被称为“算术基本定理”：任何数字可以用一种方法写成一个或多个质数的乘积，如10=2×5、12=2×2×3。如果允许1是质数，那么这种乘积的表示法会有无数种，因为它可以包含任何数与1相乘的积。

自然界中，质数会以出其不意的方式出现。例如，有一种昆虫叫十七年蝉,它有十七年的生命周期。这一物种的所有个体，整整十七年都处于幼虫期，直到整个群体作为成虫同时出现并开始交配。另一个物种十三年蝉与其相似，有着十三年的生命周期。关于这些蝉的进化为何是特定质数生命周期的原因，有各种各样的理论。最流行的一种说法是，存在一种每几年规律地出现一次的捕食者。如果蝉出生的时间和捕食者出现的时间在同一年，很有可能一窝幼虫都被扫荡一空。因此，蝉的生存依赖于生命周期的进化，它应该与捕食者的捕食周期重叠越少越好。如果有一个物种的生命周期是十五年，捕食者可以每三年或五年出现一次，将幼虫扫荡干净；也可以每六年或十年出现一次，在蝉第二次出现时杀死它们。然而，如果蝉的生命周期是十七年，那么如果捕食者生命周期少于十七年（这很有可能，因为有证据表明假设的捕食者的生命周期比蝉还短），那么捕食者可能连续十六年都没有捕到猎物，并因此饿死。这些捕食者早就灭绝了，留下了我们现在看到的具有生命周期的蝉。

现在人们已经确信质数是无穷无尽的，或者说不存在一个最大的质数。早在两千多年前，欧几里得就证明了这一点。另一种简单的证明方法如下：假设质数不是无限的，即存在一个最大的质数，那么我们可以将所有质数相乘，$2 \times 3 \times 5 \times 7$……直到已知列表中的最大质数，得到一个巨大乘积，称为 P 的数。然后我们在 P 上加 1。现在有两种可能：要么 P+1 是质数，要么能被更小的质数整除。但是如果我们用 P+1 除以所有质数列表中的任何一个质数因子都会剩下一个 1，这迫使我们得出结论：P+1 本身一定也是质数，或者有一个质数因子不在列表中。从存在最大质数的假设开始，我们得到一个自相矛盾的结果。这在逻辑学和数学上称为“归谬法”。换句话说，通过证明一个论点有荒谬的结果来反驳它，那么起初的假设一定是错的，因此它的反面一定是真的：有无限多的质数，这个结果被称为“欧几里得质数定理”。

古代的数学家没有很好的计算大质数的方法，在古希腊，有记载的最大质数是 127，因为欧几里得在《几何原本》里暗指了它。他们可能还知道一些更大的质数，可以达到几百或几千。在文艺复兴时期，意大利博洛尼亚著名的质数猎人皮特罗 · 卡塔尔迪发现了更大的质数——524,287。17 世纪法国教士马兰·梅森花费大量心血研究质数，在此基础上，人们开始以 2^n-1（n 为整数）为核心来寻找新的质数，2^n-1 被称为梅森数。梅森数是有用的“质数嫌疑人”，因为在随机选择时，这个数字比随机选择的大小相似的奇数更有可能是质数（尽管并非所有的梅森数都是质数）。打头的一些梅森质数（梅森数是质数）是 3、7、31 和 127。卡塔尔迪发现的最大质数是第 19 号梅森数（M_{19}），也是第七个梅森质数。近一个世纪后，瑞士数学家莱昂哈德·欧拉在 1732 年才发现了更大的质数。又差不多一个半世纪后的 1876 年，纪录保持者变成了爱德华·卢卡斯，他证明了第 127 号梅森数（M_{127}），一个大约 1.7 亿亿亿的数值，同样为质数。

尽管许多梅森数确实是质数，但梅森本人在鉴别质数时出现了一些错误，例如他相信 M_{67} 是质数。1903 年，数学家弗兰克·纳尔逊·科尔发现了 M_{67} 的因数。10 月 31 日，他受美国数学协会邀请做了一个小时的演讲。他走到了黑板前，没有说一句话，开始手算 $2^{67}-1$ 的值，然后他算出了 $139707721 \times 761838257287$ 的值，证明两者是相同的，接着回到座位上，全场起立鼓掌欢呼。他说自己花了“三年的星期天”才找到 $2^{67}-1$ 的因数。

自 1951 年后，寻找新质数的任务全部落到了计算机和逐渐加快的算法上，以此来寻找越来越大的梅森质数。在撰写该文时，已知的最大的质数是 $M_{74207281}$，总共有 22,338,618 位数。这个数是在 2015 年 9 月 17 日由中密苏里大学教授柯蒂斯·库珀发现的。这是因特网梅森质数大搜索计划（GIMPS 计划）的一部分，这个由志愿者们组成的协作分布式计算项目，在启动运行二十年来已经算出了已知的十五个最大的梅森质数。每当有了新质数发现，研究者们总会按惯例开启一瓶香槟作为庆祝仪式。

我们已经知道质数是什么，且无穷无尽，我们知道它们在现代社会很有用，也知道它们的出现并不规律。但是对于质数，我们还有很多东西不知道，包括某些已知的假设是否为真。其中最著名的假设是哥德巴赫猜想，来源于德国数学家克里斯蒂安·哥德巴赫。哥德巴赫猜想的内容是：任何大于 2 的偶数都可以写成两个质数之和。对于小偶数，这很容易验证。如：4=2+2、6=3+3、8=3+5、10=3+7……而更大的数字已经被用计算机验证过了，迄今从未失败过，但没人知道这个规律在无限的范围内是否适用。

另外一个未解的猜想是与一对只差 2 的质数有关，如 3 和 5、11 和 13 等。这样的质数被称为孪生质数。所谓的孪生质数猜想，是指有无穷多的孪生质数，但是迄今为止还没人能确定无疑地证明这一点。

也许与质数有关的最让人不解的谜团是它们的分布规律。在小的自然数中，质数非常常见，但是当数字变得越来越大，质数就变得越来越稀疏。数学家们很感兴趣质数变稀疏发生的速度，以及我们能掌握多少有关质数频率的信息。它们的出现并不遵循任何严格有规律的模式，但也并非说它们只是随意出现。在《质数纪录》中，作者保罗·里本伯姆是这样表述的：

> 在小于N的范围内，质数的数量很大程度上是可以相当准确地推测出来的（特别是当N值很大时）；另一方面，质数在短间隔内的分布具有一种内在的随机性。这种"随机性"和"可预测性"结合就是质数分布的本质：有一定秩序，但又充满惊喜。

无数数学家对质数的神秘发表过议论。它们被描述如此简单——即便是小学生也知道什么是质数，也常被要求能说出前几个小质数，或判断一个数是否为质数。阿格尼乔本人很小就对质数及关于质数的未解谜团着迷，这也激发了他对数论中其他未解之谜的迷恋。

质数也像是数学世界里的原子，所有的自然数都由它们构成。也许你会认为，有充分的理由希望和假设质数遵循严格的规律，并能轻松预测出下个质数在数轴上的哪个位置出现。但数学世界里这些一砖一瓦般的质数，它们的分布却如此难以捉摸。正是对质数的期望与现实之间的紧张关系，还有对某些非常重要的组织原理超出我们理解范围的强烈怀疑，而这些自古以来就吸引着数学家。

若以单个或一小群的质数来看，似乎很难找到规律。但从整体上看，就像鱼群或椋鸟群一样，一些隐藏的组织层次便出现了。其中最令人惊奇的一个发现纯属意外，1963年，波兰数学家斯坦尼斯瓦夫·乌拉姆正在听一场无趣的演讲，开始在纸上随意涂鸦。他以数字 1 作为中心，沿着矩形网格逐渐往外写下其他数字，写满了一个方形的螺旋。然后，他圈出了所有质数，不可思议的现象发生了——沿着螺旋的某条对角线，以及某些水平和垂直的排列，质数的数量异常密集。人们用计算机制作出了更大的乌拉姆螺旋，包含上万个数字，这一规律依然存在。事实上，它在我们愿意计算的范围内似乎也同样适用。

一些乌拉姆螺旋中容易出现质数的行或列，与一些容易产生大量质数的代数公式相吻合。最有名的一个公式是由数学家莱昂哈德·欧拉发现并命名的，即“质数生成多项式”：n^2+n+41。它对于 0~39 之间任意取的 n 值，都能产生一个质数。例如，当 n 分别等于 0、1、2、3、4 和 5 时，产生的 41、43、47、53、61 和 71 都是质数。当 $n=40$ 时，产生的是 41^2，不是质数。但是当 n 继续增大，产生质数的概率依然很高。不知什么原因，一些类似的公式也有这种奇特的能力，能以很高的概率产生质数。数学家们对乌拉姆螺旋的重要性，以及它与一些质数未解之谜的联系展开了持久的讨论。这些数学之谜包括哥德巴赫猜想、孪生质数猜想、勒让德猜想（在连续的正整数的平方之间至少有一个质数），等等。然而，乌拉姆螺旋向我们生动地展示出，质数的存在是有规律可循的，尽管它们的分布看上去杂乱无章，但在大范围内，它们的行为受一些普遍规律支配。

目前关于质数如何分布的最好定理是“质数定理”，这并

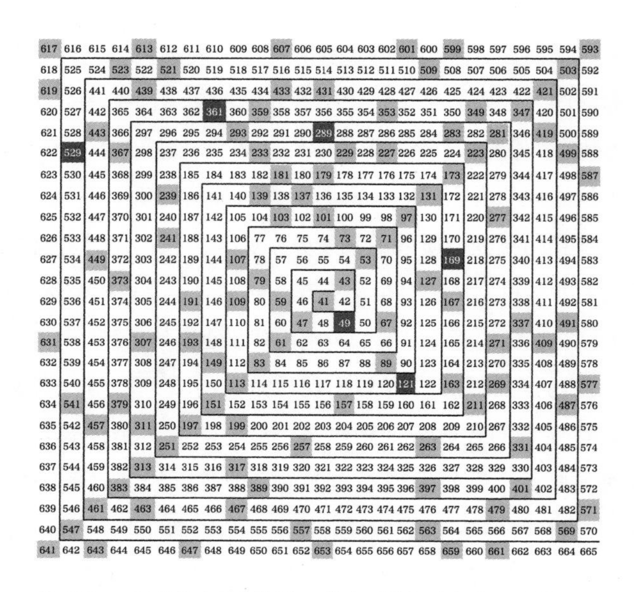

从质数 41 开始的乌拉姆螺旋，其中质数标为灰色，质数的平方标为深灰色。

不出人意外，它被广泛认为是数论中最伟大的成就之一。质数定理的内容是：对任意足够大的数字 N，比 N 小的质数的分布个数大致等于 N 除以 N 的自然对数 $\log_e N$（一个数的自然对数，是指无理数 e 自乘多少次，刚好等于该数的值，其中 e=2.718……）。尽管这一公式不能告诉我们下一个质数在什么位置，但有相当准确的暗示，即在一个给定的足够大的数字区间内有多少个质数。

不同于提到的欧几里得“无限质数”定理用短短几行字便

能说清，“质数定理”的证明花费了数学家们整整一个世纪的时间。在1792或1793年，还是青少年的德国数学家卡尔·高斯首次提出这个定理，几年后，法国数学家阿德里安－玛利·勒让德也独立提出这个定理。当然，长久以来数学家们都认可这一点：当数变得更大，质数之间的间隔会变得更宽。但18世纪下半叶，更大的质数表及更长更精确的对数表的出现，这也有助于刺激人们努力寻找具体的公式来描述质数变稀疏的情形。高斯和勒让德通过对质数表和对数表的观察，发现质数的数量能用一种对数类型的函数来表达。1848—1850年，俄罗斯数学家帕夫努蒂·切比雪夫在改进质数分布公式方面取得了进一步的重要进展。但这个领域最伟大的突破还是来自德国数学家伯恩哈德·黎曼的努力。1859年，黎曼发表了一篇八页的研究报告，题目为《论小于给定数值的质数的个数》，这也是他在这一问题上唯一的著作。报告中他给出一个假设，后被称作“黎曼假设”。这个假设多年来持续困扰着数学家们，他们为了证明它而绞尽脑汁。据称，大卫·希尔伯特曾表示，如果他从持续了一千年的睡眠中醒来，要问的第一件事就是：“黎曼假设被证明了吗？”美国数学家爱德华兹在一本有关黎曼假设背后的理论的书中这样写道：

> 毫无疑问，黎曼假设是数学中最有名的问题，直到现在，它仍持续吸引着优秀的数学家的关注。不仅仅因为这

个谜长期未解开，还因为答案看起来是那么触手可及。一旦解开可能会带来具有深远意义的新技术。

为强调其重要性，黎曼假设被马萨诸塞州剑桥市克莱数学研究所认证为七个“千禧奖问题”之一，第一个验证的解决方案可获得100万美元奖金。这是阿格尼乔最想解决的两个难题之一，另一个即P与NP问题（第五章已有讨论）。同时，黎曼假设也是千禧奖问题中，唯一由希尔伯特于1900年8月8日在巴黎国际数学家大会上提出讨论的二十三个数学未解问题中的一个难题。

为了解决质数分布的问题，黎曼使用了一种新方法——复分析。复分析是数学学科的一个新分支，囊括了各种处理复数的方法。复数包含实数部分和虚数部分，例如$5-3i$，其中i为-1的平方根。复分析研究的核心是复变函数，这正是将一个复数换算为另一个复数的规则。在1732年，著作总达31,000页、充满创造力的瑞士天才数学家欧拉创造了一个数学界从未知晓的瑰宝——ζ（zeta）函数。ζ函数是一种无穷级数——一串无限长的函数的组合，可能收敛为有限值，也可能为一个无限值，这取决于输入数字的不同。在某些情况下，ζ函数可能会简化为谐波数列这样的形式：1+1/2+1/3+1/4+……早在古希腊时代，毕达哥拉斯及其信奉者们就研究过这样的公式，他们沉迷于以数学规律和音乐律动的和谐之美来理解整个宇宙。黎曼采用了欧拉

的 ζ 函数，并将之扩展并包含至复数范畴，这就是为什么复数的 ζ 函数也被称为“黎曼 ζ 函数”。

在 1859 年的著名研究报告中，黎曼提出了他认为一个给定数的范围内估计出有多少质数的更好公式。然而，这个公式取决于知道“黎曼 ζ 函数”的哪些值等于 0。“黎曼 ζ 函数”适用于所有 $x+iy$（x=1 时除外）形式的复数。对于所有负偶数（−2、−4、−6 等），函数值都为 0。但这些 0 值对于解开质数分布问题没有帮助，因此被称作“平凡零点”。黎曼发现，该函数在 $x=0$ 到 $x=1$ 的临界带之间有无数的 0 值，以及“非平凡零点”以 $x=1/2$ 为轴线对称分布。他的著名假设是，所有的非平凡零点事实上都恰好在这条线上。如果这个假设为真，则可以推测，质数在质数定理最终规定的极限范围内尽可能有规律地分布。换句话说，尽管存在一定数量的“噪音”或“混沌”给质数的出现带来了不确定性，但黎曼假设表明，这些噪音总的来说得到了极好的控制，质数表面上的无纪律性在幕后，就像被高度编排好了一般。我们也可以这样理解，假设有一个多面的骰子，掷到一个质数的概率是 $1/\log n$。设想对于任何大于等于 2 的整数 n，你要投掷 n 次骰子——理想情形下，质数出现的期望值应该是 $n/\log n$，但事实上，总会有些偏差。而这种偏差的大小取决于人们常说的平均法则（或大数定律）。黎曼假设声称，质数分布与 $n/\log n$ 的偏差不会大于平均法则的预期。

许多有力的证据都表明，黎曼假设是成立的。黎曼亲自验证了前几个非平凡零点，确保它们符合这个的规则，而艾伦·图灵则使用最早期的计算机将计算范围扩大至前一千个。1986 年，人们将计算扩大到“黎曼 ζ 函数”前 15 亿个的非平凡零点，验证它正好落在函数实部等于 $x=1/2$ 这条临界线上。在更早些时候的 1915 年，戈弗雷·哈罗德·哈代证明了在 $x=1/2$ 这条线上有无限多个非平凡零点（尽管不一定全部是）。1989 年，美国数学家布莱恩·柯瑞证明了落在 $x=1/2$ 这条线上的非平凡零点个数至少占 $x=0$ 到 $x=1$ 这一区间内所有非平凡零点个数的 2/5。六年后，在大型分布式计算项目 ZetaGrid 运作几年之后，人们已发现黎曼函数最初的前 1000 亿个非平凡零点，无一例外全都落在 $x=1/2$ 这条临界线上。

尽管所有证明都让黎曼假设看起来无疑是正确的，怀疑它是错误的反倒不合常理，但在数学世界中，信念和有说服力的证明之间有着天壤之别。没有证明，任何结果无论多么有用，只凭一位理论家的一己之见，哪怕黎曼这样的旷世奇才，也只能是沙子上的城堡。或许哪一天我们会发现有那么一个在 $x=0$ 到 $x=1$ 区间内的非平凡零点不在直线 $x=1/2$ 上，然后黎曼这个奇妙的概念就会灰飞烟灭，化为空谈。

但要去证明（或否定）黎曼假设的重要性，远远超出了数论或整个数学学科的领域。事实证明，黎曼假设与亚原子宇宙之间有着微小却直接的关联。1972 年 4 月的一天，在新泽西州普林斯顿大学高等研究院，数学家休·蒙哥马利和阿特勒·塞尔贝格正在讨论蒙哥马利最近关于 $x=1/2$ 上非平凡零点的间隔的发现。之后在咖啡厅中，蒙哥马利认识了自然科学学院的弗里曼·戴森教授。当蒙哥马利谈起他的研究时，戴森迅速意识到，这数学和自己在 60 年代探究过的理论简直如出一辙。所谓的随机矩阵理论可以用来计算重原子核内粒子的能级。戴森回忆起他看到质数分布领域的计算公式与自己研究中的公式一模一样时那种惊讶的心情：

> 他的计算结果和我的完全相同。这两个计算来自完全不同的领域，却得到了共同的答案。这告诉我们，这世上我们不知道的东西还有很多很多。我们一旦知道了这些真理，便会恍然大悟。但现在，这种巧合却像奇迹一般。

数学的某些方面就像黎曼假设一样，往往看起来极其抽象，并且除了作为复杂的智力练习外别无益处。然而，上述的例子中，它的出现并不那么异乎寻常——在基本层面上，纯数学和物理宇宙之间有直接的联系。

自黎曼假设提出以来已经过去了一百五十多年，始终无法被证明，这成了数学内心的一个缺口。也许能证明这个假设所需的方法太高端先进，在我们现在知识范畴内是无法触及的。若果真如此，人们对于证明假设孜孜不倦的追求也许能不断发展出新的强大的数学技术。如果哪一天黎曼假设真的得到了证明，那么它对于数学的贡献可以说是无法超越的。因为质数在数学系统中扮演着基础性的角色，而且与数学各种领域都息息相关。如果黎曼假设可以被证实或证伪，那么将会有成百上千的理论成立或被推翻。如果被证实，那么会激发出更多问题，例如为何质数能在秩序和混乱之间找到如此微妙的平衡点？反之，所有建基于此的数学理论将被推翻，整个数学界将遭受一场毁灭性地震的撼动。

没人希望黎曼假设很快被证明或被推翻。但是在数学领域，有些命题的证明就是突如其来，毫无征兆。安德鲁 · 怀尔斯对费马最后定理的精彩证明就是这样。同样，这也发生在最近与孪生质数猜想有关的一项证明中。孪生质数猜想被广泛认为是正确的，即存在无穷多的孪生质数对。1849 年，法国数学家阿方斯·德·波利尼亚克进一步提出，对于任何可能的间隔大小（不一定是 2)，都存在无穷多的质数对。他提出这个观点以后，相关研究几乎毫无进展，直到 2013 年，新罕布什尔大学一位中年讲师，在广泛的数学界默默无闻的张益唐发表了一篇令人震惊的论文。张益唐证明出存在一个小于 7000 万的数字 N，对于任何相差 N 的间距，存在无穷多的质数对。这意味着，无论我们在巨大的越来越大的质数的遥远土地上走得多远，不管质数总体上怎么稀疏，我们总能找到相差间隔小于 7000 万的无穷多的质数对。这使得我们相信，这个 N 还可以大大减少[1]；希望在更广泛的意义上，质数研究领域的一些重大突破即将到来。

尽管质数很好理解，但关于它的各种谜团我们却没有很好地解开。是否每个偶数都是两个质数的和？是否存在无穷多相差 2 的质数对？尽管很多人都认为我们接近答案了，但没人知道确切的答案。质数看上去几乎是所有数学学科至关重要的基础，或许也是宇宙的基础。

① 2013 年 11 月，英国数学家詹姆斯·梅纳德给出了另一种完全独立的证明，进一步优化了张益唐有关存在无穷多质数对的证明，将质数之间的间距缩小至 246。——编者注

第八章　棋局能否破解？

国际象棋是一种独特的认知联系，是人类脑海中科学与艺术相结合的一处所在，而且人类的下棋能力将随着经验不断提升。

——加里·卡斯帕罗夫

假设有这样一种计算机，功能强大到令人难以置信，总是能够在任何给定的棋局之中找到最优解。“最优解”指的是棋手能最快取得胜利，或至少不会失败的下法。换句话说，就是玩家的最佳结果。现在，如果有两台这样的计算机来下棋，哪一方会取得胜利呢，还是会永远出现平局？我们人类已经在数学上攻克了无数里程碑式的难题，也许你会猜想，像国际象棋这么古老且规则简单的游戏，对如今能使用最先进的计算技术的理论家们来说是不是小菜一碟？但事实并非如此。

第一台国际象棋机器被称为“土耳其人”。这台机器实际上是一个假的下棋机器人。由匈牙利发明家沃尔夫冈 · 冯 · 肯佩伦在 1770 年首次发明亮相，1854 年被大火烧毁。但在这期间，它还是欺骗了很多人。拿破仑 · 波拿巴（他本人也是个很好的数学家）、本杰明·富兰克林和现代计算机的先驱之一查尔斯·巴贝奇等人都曾见过它。在一个大木柜后面，是真人大小的仿真模型的头部和上身，穿着美丽的奥斯曼长袍，戴着头巾。木柜前面的三扇门可以打开，里面有复杂的机械装置和其他部件；木柜后面的三扇门也可以打开，每次打开一扇，能让观众看到另一边。然而，所有人都没有看到的是，木柜里坐着一位国际象棋大师。木柜的门一扇扇打开和关上时，这位象棋大师可以从柜子一侧的座位滑到另一侧。不论谁来挑战机器，都由这位幕后大师决定接下来怎么走，然后通过操作土耳其人的手臂和手指来下。柜子里有联动杆与钉板棋盘相连，观众可以看到这些棋子如何在棋盘上移动。尽管冯 · 肯佩伦的机器人设计精巧、工艺精湛，但它仍然完全依靠人类智力来战胜对手。

看来，这些“机械魔法”——齿轮、杠杆、联动杆的交响乐——还不足以让一台机器的运转速度快到下一盘简单的国际象棋，足见它的复杂性。直到第二次世界大战后电子计算机的发展，制造这类真正的下棋机器才逐渐有了希望。计算机领域的先驱，艾伦 · 图灵、约翰 · 冯 · 诺伊曼和克劳德 · 香农，都对国际象棋感兴趣，把它作为测试人工智能早期构想的工具。

1950 年，香农在一篇关于该问题的研讨会文章中写道："尽管（人工智能下棋）在实际生活中用处不大，但它在理论研究上非常有益，并且我们……解决这个问题成为探寻解决许多重要问题的方法。"几年后，图灵的同事迪特里希 · 普林茨在曼彻斯特大学用新型电脑费伦蒂马克一号运行了第一个国际象棋程序。由于内存和处理速度的限制，这个程序仅能解决"两步将杀"问题，也就是说，当两步之内可以将死对手时，软件才能找到最佳走法。1956 年，洛斯阿拉莫斯实验室的 MANIAC1 计算机上运行了一种下简化版国际象棋的程序，用的是没有"象"的 6×6 棋盘格子。在没有"象"棋的情况下，计算机进行了三局比赛：第一局和自己比赛；第二局和一个强大的、不能使用"皇后"棋子的人类棋手进行比赛，计算机输了；第三局和刚刚学会游戏规则的新手进行比赛,这次电脑赢了。尽管对手的确很弱，但这标志着机器对人类比赛的首次胜利。

1958 年，IBM 公司的研究员亚历克斯 · 伯恩斯坦用公司的 704 主机写出了第一个能够进行标准国际象棋游戏的程序。704 主机开发了 FORTRAN 和 LISP 计算机语言，并且第一次实现了语音合成。在电影《2001：太空漫游》中，主角戴夫 · 鲍曼切断了计算机 HAL9000 的认知电路，电脑逐渐失去意识。这一场景的灵感来自阿瑟 · C. 克拉克几年前看到 704 主机在语音合成方面的努力。电影一开始，HAL 在下棋时轻松击败了宇航员弗兰克 · 普尔。导演斯坦利 · 库布里克是一名充满激情的国际象棋手，因此 HAL 与普尔对决中展示的走法来源于 1910 年勒施和西勒奇两人在德国汉堡一场真实的比赛，也就丝毫不令人意外了。

所有下棋机器面临的挑战都是一盘棋的多种可能性，以及五花八门的策略等带来的巨大复杂性。总的来说，棋子的位置大约有 10^{46} 种，而在独特棋局的情形下至少有 10^{120} 种。后者由克劳德·香农于 1950 年在《编程实现计算机下棋》一文中提到，此后便被称为“香农数”。开始时，事情相当简单，白棋只有 20 种可能的走法，其中 16 种是“兵”的走法，常见的只有 3 种；4 种是“马”的走法，常见的只有 1 种。但随着游戏推进，可能的走法数量迅速增加，其他棋子，包括象、车、皇后与国王也加入了行动。每位棋手下完一步棋，会有 400 种不同的位置，下完两步棋有 72,084 种不同位置，三步棋之后有超过 900 万种不同位置，在下完四步棋后，则会有大概超过 2880 亿种可能性。2880 亿大概就是银河系中所有星星的总数了，而整个棋局的可能性还要多得多，远远大于宇宙中所有基本粒子的数量。

在下棋程序问世早期，相对原始的硬件成为其发展的严重阻碍。但在 20 世纪 50 年代，匈牙利裔美国数学家冯·诺伊曼已经想出了一个技术精湛的基本编程方法，被称为“极小化极大”算法。之所以得名，是因为这个算法旨在力争将对手得分最小化的同时，将己方得分最大化。在 1960 年之前，它与被称为“α－β 搜索”的算法相结合。“α－β 搜索”算法遵循的是经验法则，或者说是从人类顶尖棋手的下棋策略中提炼出来的启发式方法，在棋局早期便排除不好的操作步骤，使得计算机不用浪费时间去搜寻无用的结果。这与计算机学会修正自己的错误不同（这是后来才发生的），而是试图吸取过去象棋大师的一些有用的技巧和组合经验来进行编程。

随着计算机的不断发展，在20世纪七八十年代，计算机已经能够运行更深层和更精巧的搜索程序。1978年，计算机第一次在与人类大师的较量中获胜。就在同一时代，计算机国际象棋锦标赛也开始举办。本书作者之一戴维当时在明尼阿波利斯的超级计算机制造商克莱研究公司担任应用软件经理。他与阿拉巴马大学的罗伯特·海厄特一道，在伯明翰改进了海厄特的下棋程序“闪电”,并在当时地球上最快的计算机Cray−1上运行。1981年，计算机克雷·布里茨以5比0战胜对手，赢得密西西比州锦标赛冠军，成为第一个获得“大师”级别称号的计算机。1983年，它打败了来自贝尔实验室的劲敌计算机Belle，成为世界计算机国际象棋冠军。

自那时起，计算机国际象棋的发展突飞猛进。1997年，人类国际象棋冠军加里·卡斯帕罗夫在与IBM“深蓝”的五局制比赛中败北。而人类棋手最后一次打赢地球上最强的计算机是在2005年。如今，顶尖计算机已经远超人类曾经达到的级别，可以说，往后人类再也无法打赢最好的计算机棋手了。就在此书写作时，碳基生命体能达到的最高等级分（主要是基于对其他强大棋手的比赛胜负）是挪威棋手芒努斯·卡尔森在 2014 年 5 月创造的 2882 分。目前至少有五十个最好的计算机程序打破了这个纪录，包括计算机 Stockfish，它获得了人类和机器有史以来最高的 3394 分。

然而，尽管如今国际象棋系统已经取得了卓越的成就，但新的问题仍然存在：国际象棋是否可解呢？换句话说，能否在棋局开始之前就算出结果？对于许多相对简单的游戏，我们是可以做到的，最简单也是最著名的一种游戏就是井字游戏和画圈打叉游戏。分析井字游戏相当容易，因为游戏最多只能在九个回合结束，而且很多时候，玩家要被迫填上某个方块来阻止对手获胜。如果两个玩家已经熟知游戏的套路和策略，则任何游戏都会以平局结束。井字游戏只涉及一个 3 × 3 的网格，这对于解开它的规律而言非常简单。但也不是说棋盘越大游戏就越复杂。许多人多多少少都玩过点格棋，在这个游戏中，从充满圆点的正方形网格中开始，每个玩家依次将任何两个圆点连成一条线。把一个盒子的第四面连接起来的人赢得这个盒子，再把自己名字的首字母放进去，同一回合内可以再连接另外一对圆点。如果这能够连成第二个盒子，就继续连接另外的圆点，以此类推。在最小尺寸 3 × 3 的格子上玩这个游戏非常有趣。尽管这与井字游戏的棋盘大小相同，但涉及的策略数量却多得多。我们都知道，在 3 × 3 点格棋中，第二个玩家可以强行取得胜利，但是大多数人并不知道这个获胜策略，因此使游戏变得异常复杂。大部分人都是凭直觉在玩，尽可能得到每一个盒子，不让对手得到盒子。在比 3 × 3 大得多的棋盘中，理论家们一开始并不能推测哪一方能获得胜利。但他们能找到一些游戏局面，特别是高水平游戏中的，即在这样的情形下，其中一方的每一步都可能输掉。但是在出现这样的局面之后，另一方玩家该如何取胜却无从得知，尽管理论上他们可以取胜。这样的情形被称作“非构造性证明”，换句话说，这种证明表明有某种东西——例如获胜策略——存在，却没有给出实现这一目标的任何暗示。这类证明看上去有些违背直觉——如果不能举出例子，我们怎么能了解一件事呢？但在这类游戏中确实非常常见。结果就是，我们可以在一个棋局中轻松判断哪一方可能会获胜，但无法准确预测他的获胜方式。

在点格棋中，就像井字棋一样，所有可能的移动在游戏开始前都是可以知道的，而随着游戏的进行，可能的游戏步骤也会逐渐减少。相比之下，国际象棋要复杂得多，而且本身就是难度极高的游戏，玩家可以达到特级大师级别。国际象棋中每一回合的可能操作非常多，随着游戏推进，可能的棋步数量也在急剧增加，并且游戏时间可能持续更长。要想知道游戏双方哪方会赢，目前最好的解法是研究在棋盘上只剩少量棋子的残局。要想彻底破解国际象棋的谜题，找到一种最佳策略，让一方总能赢，或者双方逼平，感觉就像是天方夜谭。话虽如此，目前的计算机在下棋时已经可以预判很多步，并且从数以亿计的下棋方法中选择最优的一种来使用。

也许更加令人惊讶的是，计算机在另一项历史悠久、策略丰富的游戏——围棋上取得了快速的发展。围棋主要流行于中国、日本及韩国，棋盘为 19×19，起源于两千五百多年前，是流传至今最古老的棋类游戏。在古时候，它是中国文人“琴棋书画”四大艺术之一。双方以黑白棋子来区别，轮流下棋，但与国际象棋不同的是黑子先走。棋手轮流在棋盘上放置一枚自己颜色的棋子，并用自己的棋子包围对方的棋子（围棋的名字来自中文的“包围游戏”），并将其吃掉。除了这些基本规则外，还有许多别的规则，但围棋的战术和战略可谓相当纷繁复杂。战术指的是棋盘一隅棋子之间的生死搏斗，而战略指的是纵观棋局的策略。与国际象棋相比，围棋不仅棋盘更大，每一步要考虑的可能性更多，而且下棋时间更长。计算机暴力算法在国际象棋中带来的优势在围棋中体现得不那么明显。这些方法在对阵围棋特级大师时，必然被证明是无用的。因为特级大师可以通过高超的技能，如长期积累的对于棋局的辨别经验，在众多选择中做出最好的选择。而这种基于经验的识别模式正是人脑特别擅长的。对于计算机来说，识别某些具体的棋局（它们在不同情形下看起来可能非常不同）比单纯进行快速运算要难得多。事实上，在计算机打败最强的人类国际象棋选手之后，围棋专家们仍然相信，计算机在围棋领域要想达到哪怕是中等的业余水平都要花上很长时间。

然而在 2016 年，谷歌的程序 AlphaGo 以 4 比 1 击败了世界上最好的围棋选手之一李世石。AlphaGo 不采取许多比赛时用的暴力计算的方式来察看棋局领先的局势，它被设计成更像人类的方式来下棋。它有一个模仿人类大脑思考问题的神经网络，从一个巨大的高手棋局库开始，与自己进行大量的对弈，目标是学会识别获胜的棋局结构。它利用人类棋手的方式进行启发式学习，同时以计算机的速度进行高速计算。做到了人类之前认为短期内不可能做到的事，这些使它成了世界级的围棋超级明星。2017 年，AlphaGo 更进一步，以三战全胜的战绩赢下了排名世界第一的人类围棋选手——柯洁。

也许在不久之后，下围棋的计算机也会像国际象棋计算机一样，对于造出它们的血肉之躯来说将是不可战胜的。那么，问题依旧存在：国际象棋和围棋这样的棋盘游戏是否可解呢？在国际象棋中，因为总是白方先走，黑方只能根据白方的威胁来回应。那么如果国际象棋可解，即不论黑方怎么行动，白方在应付对手所做的任何事情上都能找到最佳对策，那么几乎可以肯定，棋局唯一可能的结果会只剩下白方胜或平局。但对围棋则不一定，因为在围棋中黑方先走，白方获得一定的贴目数（日本规则是六目半，在中国是七目半）。那么就存在白方由于贴目而获胜，或者黑方先手优势太大从而仍然获胜的可能性。这个问题现在无人知晓，将来也未必能破解。

解决国际象棋问题的一个可靠方法是，为所有可能位置建一个决策树，然后从任何位置开始，通过观察其结束位置来评估每个分支，再选出最佳结果的分支。这在理论上是行得通的。但是棋局的位置总共有1200亿亿亿亿亿亿种可能，这棵结果树将是巨大的。电脑也很难装下那么多数据，毕竟整个可观测宇宙中的原子数量也只有大概不到10^{80}个，比1200亿亿亿亿亿亿还小10^{40}。在实际棋局中，很多种分支可能在前期就被剔除了。因为很多可能的位置是荒谬的，永远不会在真正的比赛中出现，哪怕新手也不会这样做。但是在完成这样的“剪枝”后，剩下的可能性数量仍然太多。在围棋中尤其是如此。围棋的极度复杂性使得人们认为，围棋机器人要面临的不是数学问题，更多是实际问题。当围棋的繁多可能性超过了计算机所能负载的计算范围时，即使经过广泛修剪，又该如何解决呢？也许尖端的人工智能科技会来拯救我们，剪去更多无用的分支，使树的大小变得可控。又或者，能同时检索多个可能分支的量子计算机是解决这个问题的另一个选择。尽管与肖尔分解大数的算法不同，但我们目前还没有解决这类问题的算法，甚至不知道是否存在这样的算法。也许我们可以期待未来能解决棋局问题，就像在2007年跳棋问题被解开一样。解开跳棋问题依靠数百台电脑工作了近二十年，是搜寻了所有可能的跳棋步骤之后完成的。结果表明，如果两方玩家都不出现一丁点错误，则跳棋棋局始终是平局。在未来，随着技术和编程的进步，国际象棋和围棋能否被解开？我们拭目以待。

我们所知道的是，像国际象棋、围棋这样的游戏，以及包括井字游戏和点格棋在内的简单游戏，都是“完美信息博弈”，即棋手在下棋之前，他或她拥有决策下一步棋是好还是坏的所有信息，没有什么未知或不确定的因素存在。这意味着在理论上而言，只要有无限的内存，又不限制时间，这类游戏一定可以被解开。但还有一些游戏，如扑克，玩家就缺乏完美的信息。在打扑克时，当决定下一步做什么的时候，一个玩家并不知道其他玩家手中的牌，尽管这是决定谁会获胜的重要因素。在扑克锦标赛中，可能会出现一个高手和一个新手比赛，新手可能会运气好抽到了同花大顺，然后赢得一手牌。但是通常来说，高手对于何时下注何时不下注更有经验，这使得他们比手握一把大牌的新手赢的次数和钱更多。

那么，在我们说扑克这类游戏已可解之前，要明白当这类游戏没有完美信息时，可解的真正含义是什么。毕竟没有计算机能百分百保证在扑克游戏中获胜（不作弊的话），因为人类玩家摸到同花大顺的概率始终是存在的。扑克游戏的解法，是让计算机按照一种平均能够带来最大获胜概率的策略来玩。

扑克游戏由于存在使用诈唬策略的可能，并且在大多数锦标赛中参与的都不止两个玩家，从而变得更加复杂。在电脑一对多的情况下，人类玩家很有可能会串通起来让电脑处于不利地位。如果真这么干了，每个玩家得到的利益可能比完全自私地玩会少一些，但是他们整体上可以赢得更多。

尽管如此，在双人限注得州扑克游戏中，人类已经开发出一款在长时间内都不会被打败的无敌软件。这款新软件发布于2014年，标志着人类第一次发现了一种算法，能够有效解决对玩家隐藏部分信息的复杂游戏。当然，不完美信息博弈中玩家的隐藏信息，以及抓牌的运气等，使得软件不可能保证赢下每一手牌。但是平均而言，在许多把牌中，人类都无法战胜这个软件，就像人类在国际象棋中几乎不可能打败Stockfish，所以我们可以认为这个扑克游戏已经被解开。这款软件不仅能帮助人类玩家提高技术，它采用的方法在医疗保健和安全应用领域中也有一些用途。

从扑克游戏的例子中我们可能感觉，所有不完美信息博弈中都有些因素是玩家不可控的。但是事实并非如此，如在我们熟悉的剪刀石头布游戏中，最重要的是每个人玩什么：玩家之外没有任何不可控因素。即便如此，这个游戏还是被称作不完美信息博弈。通常剪刀石头布需要玩家同时比划手势，但如果两个玩家身处不同房间，在不知道对方选择的情形下写出自己的手势，也是同样的效果。

在完美信息博弈中，总是存在一些“纯策略”——某些或一系列能带来最优效果的策略。例如在国际象棋中，总是存在一个最佳的一步棋（经常是多个获胜的一步棋），如果玩家在某种相同情形下连续使用它，便是最优解法。但在石头剪刀布游戏中恰恰相反，如果采用纯策略，如一直出石头，或者用石头—

剪刀—布这种方式来出，则很容易被打败。相反，最好的方法是采取混合策略，即任何位置都有不同可能去采取不同的行动。要解开石头剪刀布和双人扑克这样的游戏，需要找到最好的混合策略确保最大的获胜概率。如果对手一直出剪刀，则“一直出石头”的策略会有 100% 的获胜概率。另一方面，如果对手在发现这个策略以后，快速反应变为“一直出布”，那么“一直出石头”的获胜概率就会变为 0。石头剪刀布如今已被破解，这并不令人惊讶，而且这个解法索然无味。最优策略是：1/3 的时候出石头，1/3 的时候出布，1/3 的时候出剪刀。如果将平局也算作胜利，那么玩家至少有 50% 的概率获胜，这已经是所有策略中可能性最高的了。尽管人们有一些更高级玩法的空间，但这依赖于心理学，而非博弈论，是利用人类常有的客观事实——不擅长制造出纯粹的随机，就像我们在第三章中看到的那样。一般来说，在不完美信息博弈中，最好的策略往往是混合的。

在这样的博弈中，也存在一个被称作“纳什均衡”的概念。它得名于美国数学家及经济学家约翰 · 纳什。他对博弈论有着重要贡献，也是小说《美丽心灵》（以及同名电影）的主角。在强纳什均衡中，所有的参与者都有一个策略，如果他们以任何方式偏离该策略（假设没有别人同时这样做），他们的情况都会比以前更糟。还有另一个概念，即弱纳什均衡，即玩家可以偏离策略，得到不比以前差也不比以前好的结果，但不可能获得比之前更好的结果。纳什均衡在博弈论中占有举足轻重的地位。

在完美信息博弈中，如果游戏双方都采用最优策略，则会出现纳什均衡。纳什均衡有强纳什均衡和弱纳什均衡之分，取决于是否有多种最优策略。在不完美信息博弈中也同样如此。然而，存在多个纳什均衡是完全可能的。要确定我们是否找到了所有的纳什均衡,我们需要引入一个新的概念——“零和博弈”或“常和博弈”。

在零和博弈中，一方的收益必然意味着另一方的损失。而常和博弈更为常见，在这种博弈中参与方的总收益永远不会改变。国际象棋就是如此，玩家可以平局，则两方各得 0.5 分；也可以赢，则赢者得 1 分，输者一无所得。相比之下，像足球这样的比赛就不是一个常和博弈，如果两队打成平手，双方各得 1 分，但如果一方赢了，就得 3 分，而输的一方什么也没有。分数的总和可以是 2 或 3。常和博弈可以通过加减分数来转化为零和博弈。例如，在一场国际象棋比赛中，如果两方各减去 0.5 分，则可以变为一个零和博弈。因此，适用于零和博弈中的结果往往也适用于常和博弈。

在零和博弈或常和博弈中，只有当双方都采取最优策略时，才会出现纳什均衡。但对于非常和博弈就不是这样了，因为在非常和博弈中可能会出现很多其他的纳什均衡——这会涉及“帕累托最优”的问题。如果不可能改变所有的策略，在让某些人情况不变坏的前提下，使得一些人变好，则该配置便是一种帕累托最优的配置。在零和博弈中，任何策略组合都是帕累托最

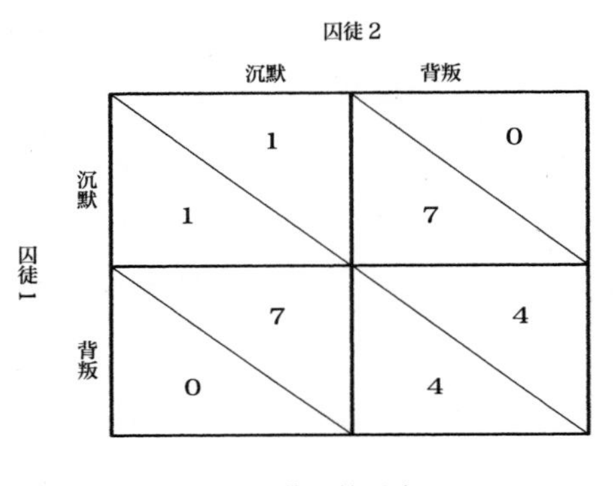

囚徒困境示意图

优的，但其他情形则不是如此，甚至纳什均衡也可能不是帕累托最优的，正如“囚徒困境”展示出的那样。

两名囚徒分别被判有罪，刑期一年。然而，一些证人的证词表明，这两人曾共同参与一项更严重的罪行，被判六年徒刑。囚徒们有一个选择。他们要么保持沉默，要么私下背叛对方。在收到判决之前，他们都不会被告知对方做了什么。如果两人都背叛对方，各判四年（重刑三年、轻刑一年）；如果两人中有一个出卖了另一个，那出卖者就会被释放，另一个则要因两项罪名被判七年。如果两人都保持沉默，那么都只被判轻罪入刑一年。令人惊讶的是，不管同伙选择什么，背叛总是比保持沉默好。此时唯一的纳什均衡是两个囚徒都选择背叛对方，服刑四年。然而，这个选择并不是帕累托最优的，因为如果他们都保持沉默，两人只判一年。囚徒困境可以重复很多次，其策略取决于过去发生的事情，这个问题被称为“反复囚徒困境”，它将会变得更复杂。反复版本的最佳策略往往是保持沉默，前提是其他玩家也保持沉默，但以背叛的方式惩罚背叛自己的玩家。因此这些策略彼此之间都能获得帕累托最优的结果，同样如果其他策略明显违背了纳什均衡，他们也会选择纳什均衡来避免最坏的结果。

大部分人在玩游戏时希望游戏在合理时间内结束，如一小时或两小时，否则可能会感到疲乏、饥饿或者无聊。国际象棋联合会对所有重大比赛都设定了棋局时间规定，前 40 步需要在 90 分钟内完成，后面则需要在 30 分钟内完成。然而，有记录以来最长的一场比赛是 1989 年伊万 · 尼科利茨和戈兰 · 阿索维奇在贝尔格莱德的比赛，共持续了二十多个小时，由于 50 步规则，双方走了 269 步后，以平局告终。“50 步规则”指的是：如果每个棋手在没有移动卒子和没有棋子被吃掉的情形下，至少连续走了 50 步，那么这盘棋就以平局结束。如果同样的局面出现三次，可由轮到的棋手申请平局。假设申请平局是根据 50 步规则，那么一盘棋最长不会达到 6000 步。

有一种棋，持续时间可能是太阳发光时间的数十亿倍，那就是在永远朝各个方向延伸的棋盘上面，下“无限国际象棋”。这种棋的规则和棋子数量与普通棋或有边界的花园棋无异，只是棋盘没有尽头或边缘。这样的棋下起来可有些壮观——“车”可能在一个方向上飞出数十亿格之遥，“象”可能会从相当于银河系之间那么远的地方冲过来吃掉一个“兵”。对于我们渺小的人类来说，这并非一个可以在现实层面上实现的游戏。然而，哪怕我们永远无法参与，但是通过数学的魔力对它有所了解。更重要的是，我们可以确定一个关于无限国际象棋的重要事实：与有限国际象棋一样，如果采取某种策略，就可以确保一个棋手获胜。具体会是什么策略呢？除非有一台具有无限存储空间、无限计算速度的计算机，否则我们无法得知。但事实上，所有形式的国际象棋，以及具有有限或无限完美信息的博弈，都可以在理论上得到解决，这至少给人们某种程度的满足感。

回溯到 20 世纪 60 年代，人工智能初创时期，克劳德 · 香农这样的数学家和计算机科学家就将国际象棋作为一种程序，用来测试让电脑更像人类思考的方法。现在，复杂的策略游戏仍然被用于这个功能。当然，这些游戏本身没有什么实际意义，除非这就是你谋生的手段。但是通过策略游戏，机器其构思、训练或自我学习变成强大玩家的方式，可以运用到更有用的领域。更重要的是，探索国际象棋和其他复杂游戏能帮助我们进一步探究人类认知能达到的边界。

第九章　何为真，何为假？

当我们发现一个悖论，这是多么奇妙啊。现在我们有了一些取得进展的希望。

——尼耳斯·博尔

请接受我的辞呈——我不想加入任何接纳我为会员的俱乐部。

——格劳乔·马克思

“悖论”（paradox）源于希腊语的“超越”（para）和“意见”或“信念”（doxa）。从字面来讲，是指很难相信违反我们直觉或常识的事。在日常对话中，我们常常说有些事情是矛盾的，因为它看上去几乎难以置信。例如第三章提到的“生日悖论”——一个房间里有 23 个人，有 50% 的概率两个人生日相同。尽管这是一个很容易证明的统计事实，但令人惊讶，只因它与我们的预期不符。在数学和逻辑学中，“悖论”一词的定义更加狭义、精确，它指的是一种引起自我矛盾的陈述或情况。下文要介绍的悖论中，有一个给数学带来了基础领域的重大突破，有些则与自我、自由意志和时间的本质有关，在哲学和科学领域引发了富有成效的讨论。

14 世纪的法国牧师和哲学家让 · 布里丹为促进哥白尼革命（即太阳是太阳系中心的观点）在欧洲的发生发挥了重要作用。不过，他的名字更广为人知，是和一个中世纪的逻辑悖论有关。布里丹想象有一头毛驴站在两堆干草中间，这两堆干草的大小、质量和外观各方面都是一样的。驴子饥肠辘辘，却又始终保持理性——它找不出合适的理由偏爱某一边而不喜欢另一边的干草。因此，它怀着矛盾的心情停留在原地，直到饿死都没有做出决定。只有一堆干草它就能活下来，但有两堆相同的干草，它却会死去。如果纯粹按逻辑来思考，这样的事情怎么可能发生呢？

布里丹毛驴的困境类似于让一个完美的圆球在陡峭山顶上保持平衡——只要没有失衡的力作用在它上面，它就不会滚下来。它所处的状态是不稳定的，轻轻推它一下，它就会滚动。但是如果没有这个力出现，它就会永远留在原地。像许多思想实验一样，布里丹毛驴一系列假设在现实中是无法实现的。首先，它假设要有两堆完全一模一样的干草，无法取舍，这样的选择决定涉及一系列相同的状态和步骤。然而，这在现实中不可能出现。现实中毛驴可能会习惯性地选择左边或右边，或者由于灯光的照射，一堆草看起来比另一堆更能激起食欲……种种原因之中，任何一种都可能使犹豫的天平偏离。在数字电子学中存在这样一个实际例子：一个逻辑门可能无限期地挂在 0 和 1 之间（就像两堆干草的状态一样），直到电路中一些随机闪烁的噪声导致它翻转到一个稳定状态。布里丹毛驴一直被用于自由意志的讨论，人们认为，具有自由意志的生物无论多么理性，都不会仅仅因为没有理由偏爱一边的草堆而不喜欢另一边，就选择不吃东西。

另一个关于自由意志的悖论，提出的时间离我们更近一些。这个悖论在 1960 年由威廉 · 纽科姆提出，他是劳伦斯 · 利弗莫尔实验室的理论物理学家，也是 19 世纪著名天文学家西蒙 · 纽科姆的侄曾孙。纽科姆悖论的内容如下：一个具有超级预测能力、从不会失手的高级生物。它在盒子 A 中放了 1000 美元，而在盒子 B 中，要么放 100 万美元，要么什么也不放。这个高级生物给你一次选择：（1）只打开盒子 B；（2）同时打开盒子 A 和 B。但这里有一个陷阱——只有当它预测你会选择（1）时，才会把钱放在盒子 B 里。如果它预测你绝不会只打开一个盒子，那就不会在盒子 B 中放任何东西。那么，现在你将如何使自己的收益最大化呢？事实上，对于该做什么，甚至这个问题是否被很好地界定，目前还没有达成共识。你可能会说，既然你的选择不会改变盒子里的东西，那你可以将盒子 A 和盒子 B 都打开。这似乎是合理的，但是别忘了，这个超能力生物有着绝对不会出错的预测能力！也就是说，在某种程度上，你的精神状态与盒子里的东西息息相关，即你的选择与盒子 B 里有钱的概率有关。这些论点和许多其他的论点被提出来，以支持这两种选择中的一方，但尽管哲学家和数学家们已经关注了半个多世纪，仍然没有找出一个公认的“正确”答案。

这个悖论是在纽科姆思考另一个更古老的悖论问题“意外绞刑”时提出来的。这则有关一个被判了绞刑的人的悖论，似乎在 20 世纪 40 年代的某个时候开始口口相传。它讲的是一位以可靠著称的法官在周六告诉囚犯，他将在下周某一天被绞死，但直到行刑当天早上，囚犯都不知道且无论如何也不可能知道是哪一天。回到牢房里，囚犯思考了一会儿自己的困境，然后推断法官的话有错误。绞刑不可能推迟到下个周六，因为如果这一天开始破晓，那么他肯定能“知道”这就是他最后一天。但如果周六被排除，那么绞刑也不会是发生在周五，因为如果囚犯活过了周四，他肯定就“知道”绞刑会被安排第二天。同理，也可以将周四、周三、周二……一一排除掉，一直到周日。但由于其他的每一天都已经被排除在突然被绞死的可能性之外，刽子手不可能在囚犯不提前知道的情况下在周日到达。因此，囚犯认为绞刑最终无法按照法官的判决执行。但到了周三早上，天亮了，刽子手出乎意料地来了！法官最终是对的，但囚犯看似无懈可击的逻辑哪里出错了呢？

半个多世纪以来，众多数学家和逻辑学家一直未能找到一个被广泛接受的解释。这个悖论的关键点在于：法官可以确定自己的话是对的（绞刑会发生在囚犯事先不知道的某一天），但囚犯却没法在同样程度上确定法官的话。即使到下周六早上囚犯还活着，他能确定刽子手不会来吗？

可见有时我们说的话，特别是在陈述和提问时不够精确，会非常令人困惑。“贝里悖论”得名于乔治·贝里，他是牛津大学博德利图书馆的兼职员工。1906 年，他注意到一种表述：“10 个以内英文单词无法命名的最小数字。”(The smallest number not nameable in under ten words.)乍一听,这没有什么特别神秘的。毕竟，世界上少于 10 个英文单词的句子只有这么多，而这些句子中特定唯一数字的句子就更少了，所以很明显在 10 个英文单词以内可以命名的数字是有限的，因此有一个最小的数字 N 不能命名。麻烦的是，贝里这句话本身就代表了一个具体的数字，且他这句话本身就只有 9 个英文单词！因此在这种情况下，数字 N 可以在 9 个英文单词以内被命名，这与它在“10 个以内英文单词无法命名的最小数字”的定义是自相矛盾的。矛盾就产生了。你可以试着选一个不同的数字作为 N，但这个悖论依然成立。贝里悖论揭示了人的语言定义概念是非常模糊的，如果在不加限定的条件下直接使用，会带来重重问题。

另一类悖论是关于“身份”的定义。我们常常认为“身份”是理所应当的事，例如，一个小时前叫作“阿格尼乔”的人现在显然仍是同一个人。但悖论将我们笃信的身份定义置于疑问之中。这样一个例子就是名为“忒修斯之船”的思想实验。传说中因与弥诺陶洛斯故事有关而闻名的国王忒修斯，打了许多成功的海战。据说雅典人为了纪念他，把他的船留在了港口。然而，随着时间的推移，这艘全木制船只的木板和其他部分逐渐腐烂，必须逐一更换。那么现在的问题是：从什么时候开始，这艘船就不再是原来的忒修斯之船了，而变为一个复制品或一艘全新的船？是在换了一块木板之后，还是换了一半木板之后，抑或换掉了全部木板之后？这个结论取决于更换的速度吗？如果用这些旧木板重新组装一艘船，那哪一艘才是真正的忒修斯之船呢？在现代，同类难题被叫作“甜心宝贝定理”。英国乐队甜心宝贝（Sugababes）成立于1998年，当时的成员是西沃恩·多纳吉、穆特娅·比娜和凯莎·布坎南。成员们不断进进出出，到2009年时成员有海迪·兰热、阿梅莉·贝拉巴和贾德·埃文——最初的三个元老成员都已离开乐队。2011年，多纳吉、布娜和布坎南又组建了一个新乐队。那么，究竟哪支乐队更有资格被称作“甜心宝贝”呢？

对于无生命物体来说，这些问题似乎并不重要——尽管考古学家和自然资源保护主义者可能会有争论，修复和重建的古建筑和手工艺品在多大程度上依然算原品或者原品的合法延续。但是忒修斯之船的思想实验引发了我们另一个维度的思考，即如果应用在我们自身特别是自身身份的认识问题。如今，用器官移植（不管是捐赠的或是实验室培养的）或安装假体来更换几乎所有身体部位的时代即将到来。假设随着时间的延续，我们身体很大一部分器官都以各种方式被替换了，那我们最终还是同一个人吗？大家可能会回答“是”，除非这种替换涉及大脑的重要部分，因为人们普遍认为大脑是决定我们是谁的关键。

当然，我们能认可，如果一个人在事故中丧失了一只手臂，然后安装了一只假肢，那么他无疑还是原来的人。此外每分每秒，我们身体内各种原子分子细胞都在某种程度上发生改变。在你读这句话的时间里，大约有 5000 万个细胞死亡然后重生。如果这是一种同比交换，且是随着时间逐步发生的，或者是接受器官移植和安装假体，我们并不担心这会对我们的身份构成威胁。我们也认可，人们在变老的过程中也不会成为另外一个人。但如果这种替换发生在一瞬间呢？如果我们身体中每个粒子甚至是小到原子，都突然被换成一模一样的复制品，会怎么样呢？

“心灵运输”，即让粒子（或更准确地说，粒子的属性）在一个地方消失，并突然在某个远处重新出现，这在光子的量级上已经能够实现了。在更大的物质上实现量子心灵运输可能还需要很长时间，但是我们假设现在已经能实现了：假如你在伦敦踏上一个传送板，你身体内所有原子的位置和状态会被精细地扫描一遍，过一会儿在悉尼，这些信息被一个全新相同的原子集合起来重建你的身体。重建的过程非常迅速和精确，以至于除了一阵轻微的迷失之外，你并没有注意到伦敦那个旧身体已经被溶解，其中的原子成分被回收进入环境之中，然后，你的新身体瞬间在地球的另一边由相同状态的原子们原封不动地组装起来了。对你而言，你在眨眼间飞越了一万多英里，然后立刻可以开始探索澳大利亚，而不需要忍受习惯性的时差和坐一整天飞机的疲惫。在你被重建的那一刻，就连脑海里的想法也跟伦敦的旧身体被溶解时一模一样。两周后，你该回家了。你在悉尼踏上传送板，经历一个相反的过程，即在悉尼溶解你的身体，你的原子在一微秒后完成组装回到伦敦。你离开了传送板，带着古铜色皮肤和轻松心情正准备回家。但就在此时，你接到了澳大利亚技师打来的电话，称悉尼那边出了问题，之前那个旧的“你”并没有溶解掉。他正在向工作人员抱怨什么都没发生，传送失败了，现在要么重新试一次，要么就退款。现在看来，世界上有了两个“你”，不论是外在还是内在，直到心灵运输发生的那一刻的确切想法和记忆，都一模一样。此时，哪个才是真正的“你”呢？一个人怎么能做到同时存在于两个地方呢？在这种情况下，你的意识会发生怎样的变化呢？而一个单一的意识被复制成两份时，你是什么感觉呢？

要实现人的远距离传输，目前技术还困难重重，未来也不一定能克服。但人类目前已经在讨论将人的意识上传到计算机中，实现“精神永生”的可能性。最终目标是不仅存储我们所有的记忆，而且通过无机介质重新创造我们的意识，以及我们对于自我和周围世界的积极体验。重要的问题是，以这种方式来重建意识究竟是什么体验，又意味着什么？如果能以这样的方式将你的意识复制一份，那么也可以复制两份或更多份——比如为防止原有的一份丢失或损坏而进行的备份。那么今后几十年，这将带来非常有趣的人性和伦理问题的讨论。同时，这意味着人的思想和数学之间将建立直接联系。人的意识数据上传技术和所需的计算支持技术系统将是复杂的数学分析的结果，也是科学与工程的发展。如果这样的事实现了，将会成为人类意识保存的新方式，并可能无限保存下去。在那时，客观宇宙的终极解释、摒弃了人类感情和观点的数学学科将变得具有主观性的本质，将面临“你是什么感受”这类问题。

时间这个概念也很容易产生很多悖论。双胞胎悖论是一个思想实验，假设双胞胎中有一个双胞胎（A）以接近光速的速度进入太空，经过漫长的星际旅行后返回，发现自己的年龄比留在地球上的双胞胎（B）小得多。爱因斯坦的狭义相对论已经证明了当物体以超高速度运动时，时间会变慢或者说时间会膨胀。双胞胎悖论所带来的谜题是，如果我们切换到双胞胎（A）处于静止状态的参照系，那么双胞胎（B）也是相对于（A）的反方向进行着同样速度的运动，但是为什么（B）的时间没有变慢呢？不过事实是，对于（A）和（B）来说，并不是同样的状况——（A）必须加速才能达到高速，但（B）在地球上并没有经历任何加速。正是因为这种双胞胎（A）离开地球参照系的切换，导致（A）和留在家里的兄弟（B）的衰老速度并不相同。

假设我们能够开发出超高速旅行的技术，那么快速旅行是一种有效通往未来的方式，但可惜，这是个“单向旅程”，我们并不知道回来的诀窍，除非是通过一些异乎寻常（而且令人不安、不可预测）的手段，比如跳进虫洞（一个假想的时空隧道）。不过这无法阻止人们设想，如果能回到过去又会发生什么呢？我们可能会遇到一个问题，就是如果我们最终在过去改变了一些事物，会让未来出现问题。在电影《回到未来》中，马蒂·麦克弗莱坐着一辆钚动力的德罗宁车回到1955年，却在荷尔蒙泛滥的青春期遇到他成为他妈妈的女人，他巧妙地避开了她的求爱。我们可能回到过去，在不知情的情况下杀死了还处在幼童时期的祖父。如果是这样，我们将不会出生，也不可能继续成为一个时间旅行者回到过去杀死祖父。这个“祖父悖论”是被用来反对回到过去可能性的一个经典论点。另一方面，有人认为，如果我们真的回去了，会造成时间线的分裂。这样，我们无论在过去做了什么，由于对时间机器的利用，它只会沿着一个新的时间线发生，这个时间线上发生的事情与原本的时间线完全分开，以此来避免任何逻辑冲突或者无尽循环。

然而，在其他情况下，这样的冲突和循环就很难避免。假设有三个句子写在同一张卡片上：

(1) 此句有五字。

(2) 此句有八字。

(3) 这个卡片只有一句是真的。

句子（3）是真还是假？很显然，第（1）句是真，第（2）句是假。如果（3）也为真，那么有两个句子为真，这会立即使（3）成为假的。但如果（3）为假，那么说明“这个卡片上只有一句是真的”这句话是假的。然而，在这种情况下，唯一正确的表述是（1），这意味着（3）一定是正确的。一个陈述不可能同时为真和为假，因为那样它便两者都不是。

这个小难题与6世纪希腊先知和哲学家兼诗人埃庇米尼德斯的一个难题很类似。据说他说过这么一句话：“所有克里特人（来自克里特岛的人）都说谎。”但是，埃庇米尼德斯本人也是克里特人，因此他的话暗示自己也是说谎者；乍一看，这个句子是自相矛盾的，但事实并非如此，哪怕我们假设每个克里特人要么总是说谎，要么总是说真话。有些人在这个问题上会犯一个错误，他们假设：如果埃庇米尼德斯的话是真的，那么所有克里特人，包括他自己，都是骗子，则会产生矛盾。但如果埃庇米尼德斯的话是假的，那么所有克里特人，包括他自己，都是诚实的。这在逻辑上有漏洞，因为如果埃庇米尼德斯在说谎，则说明至少有一个克里特人是诚实的，但不一定是所有克里特人。

然而，埃庇米尼德斯的话很容易变成一个真正的悖论。这归功于公元前 4 世纪，米利都学派的欧布里德[①]提出的一个所谓的“说谎者悖论”，这个悖论可以很简单地表述为：“这句话是一个谎言。”如果这为真，即它为假；如果它为假，则它为真。

几个世纪以来，出现了不同版本的说谎者悖论。让 · 布里丹用它来论证上帝的存在。就在一百多年前，英国数学家菲利普 · 乔丹创造了一个版本的悖论。在一张卡片的正反两面写上两句话，一面写“这张卡片另一面的句子是真的”，另一面令人困惑地写“这张卡片另一面的句子是假的”。

还没有人想出一种简单或单一揭开说谎者悖论的办法，大家普遍的反应是置之不理，认为它是一个毫无意义的文字游戏，或者说：“这样的句子尽管语法都正确，但是没有真正的内容。”两者都想在各自的轨道上解决悖论，但都经不起推敲。前者实际上拒绝承认这类悖论有实质性的问题，后者则否认这些陈述有任何意义，因为它们导致了一个悖论。从表面上看，“这句话是一个谎言”和“这句话不是法语”非常类似。如果第二句话是完全有意义的，那么第一句话为何是无意义的呢？

除了作为有趣的谈资，这样的脑筋急转弯的问题看起来似乎没有太大的实际目的。但有一个悖论引发的自相矛盾对现代数学最基本的领域之一的发展产生了关键的影响。为了便于理解，我们把这个悖论叫作“理发师悖论”：有一个理发师声称要

---

① 欧布里德应为“麦加拉学派”的代表性人物。——编者注

给每个不刮胡子的人刮胡子。结果他面临一个两难境地：他自己应该刮胡子吗？如果他刮了，那么理发师就不该给他刮胡子，因此他不应该刮；但是如果他不刮胡子，则理发师应该给他刮，所以他就自己刮胡子。1902 年，在给德国哲学家、逻辑学家戈特洛布·弗雷格的一封信中，英国哲学家、逻辑学家伯特兰·罗素提到“理发师悖论”的一种更抽象的形式。对弗雷格来说，这封信来的时机简直再糟糕不过了。此时，弗雷格正要把他的不朽大作《算术基础》的第二卷寄给出版商。罗素在信中提到一个引起人们注意的特殊数学对象——“所有不包含自身的集合”的一个集合。他又问道：“这样的集合中包含自身吗？如果包含，那它就不是‘所有不包含自身的集合’；但如果它不包含自身，那么它就应该属于这样一个集合，而这意味着它包含自身。”弗雷格惊恐地意识到，这样一个怪物，是他花费多年时间构建的集合理论中所不能容纳的，而现在看来，这套理论尚未公之于世就已经被击破而名誉扫地了。

众所周知，罗素的悖论暴露了弗雷格提出的“素朴”集合论的致命矛盾。在这里，“素朴”的意思是集合论的早期形式，它不是基于公理，而是假设存在一个“普遍集合”——一个包含数学宇宙中所有对象的集合。弗雷格读了罗素的信，立刻领会了其中的含义。在回答罗素时，他说：

你对矛盾的发现使我大吃一惊，几乎可以说是惊愕，因为它动摇了我打算建立的算术的基础……更严重的是，随着我算术中规则五的丧失，不仅我这个算术基础，连唯一可能支撑理论的算术基础似乎都消失了。

在弗雷格煞费苦心的理论中发现了这个悖论，这说明，他的理论所能产生的所有陈述都有可能同时是真和假的。这是一个简单的事实，任何逻辑体系如果存在悖论，显然就是无用的。

在20世纪初期，罗素悖论的出现动摇了逻辑和数学的核心。这个悖论像毒刺一样扎在它们的理论中，使得它们产生的任何证明都不可靠，任何基于它们的理论也都站不住脚。但在实际操作上，数学还是可以像以往一样发展下去。在生活中，大家都知道2+2=4为真，而2+2=5显然为假。但令人不安的事实仍然是，数学中没有任何办法能证明上面这个事实，就连被看作数学基石的集合理论也是如此。集合理论最早在维多利亚末期由数学家乔治·康托尔、理查德·戴德金（我们将在第十章讨论无限时详细介绍二人）、大卫·希尔伯特（在第一章中我们第一次提到他，在第五章讨论图灵机时再次提到过）和弗雷格这样的人发展出来的。素朴集合论的崩溃始于一个与超限序数有关的悖论，这被称为布拉里－福蒂悖论。但这个悖论最先是由康托尔在1896年左右掌握了其令人不安的含义。然后罗素带来了他对素朴集合论的致命一击。很明显，数学家们现在面临的情况是要么放弃集合论，要么另寻替代之法。前者是不可想象的，因此他们需要以某种方式从头开始建立一个新的集合论，一个不包含任何产生悖论可能性的严密集合论。

答案就在于所谓的形式系统的发展。与建立在常识性假设和基于自然语言的规则发展出来的素朴集合论相比，这个新方法从一套特定的公理定义开始。公理即精确术语描述的、不证自明的声明或前提。不同的系统和作者可以自由地采用不同的公理集。但是，当公理在一个形式系统中被声明之后，系统中所有命题的真伪都要以公理为标准来判断。形式系统成功的关键在于，从一开始就谨慎地选择公理，这样就可以防止像“说谎者悖论”之类不受欢迎且破坏性的事情发生。

有时被称为悖论的东西实际上可能不是悖论，而是一个看似违背直觉的真实命题或一个看似显而易见的虚假命题。数学中有一个经典例子是所谓的“巴拿赫－塔斯基悖论”：你可以拿一个球，把它切成有限多个碎片，然后把它们重新组合成两个球，每个球的体积都和之前一样。这件事听上去有点疯狂，事实上，我们需要理解的是，我们涉及的不是说在现实生活中真的用一个真正的球、一把锋利的刀和一些胶水就能造出这些球，也不存在任何一个企业家有可能将一个金锭切碎，然后原地组装成两个一样的新金锭。巴拿赫－塔斯基悖论没有给我们带来新的物理知识，但是它告诉我们大量的“体积”“空间”等听起来熟悉的事物，如何在抽象的数学世界中呈现出陌生的外表。

这一惊人的结论由波兰数学家斯特凡·巴拿赫和阿尔弗雷

德·塔斯基在 1924 年宣布。他们的成果建立在德国数学家费利克斯·豪斯多夫早期工作的基础上——豪斯多夫证明了有可能将单位线段（从 0 到 1 的线段）分割成可数的多个片段，然后将这些片段重新组合起来，能得到一个长度为 2 的线段。数学家通常将巴拿赫 – 塔斯基悖论称之为“巴拿赫 – 塔斯基分解”，因为它实际上是一个证明，而不是一个悖论。它强调了这样一个事实：对于构成数学球的无穷多个点的集合，体积和度量的概念并不能被所有可能的集合定义。这可以归结为，当数学球被分成各种子集，这些子集只能通过平移滑动、旋转等方式重新组合起来时，我们常规进行测量的那些熟悉的感知不一定会保留下来。这些不可测量的子集构成极为复杂，没有一般意义上合理的边界和体积，在物质和能量的现实世界中也根本无法实现。在任何情况下，巴拿赫 – 塔斯基悖论都没有给出如何产生这种子集的方法：它只是证明了它们的存在。

悖论可以有许多种形式。有些仅仅是我们思维逻辑上的错误，有些对我们认为理所当然的事情提出了有趣的质疑，还有一些悖论甚至可能对摧毁整个数学学科构成威胁，但也为数学在更坚实的基础上重构提供了机会。

第十章　无法抵达的彼岸

数学中的无限看起来毫无规律，除非我们找出恰当的处理方式。

——詹姆斯·纽曼

无限一直折磨着我，我始终无法弄明白它。

——阿尔弗莱·德·缪塞

空间是否在某处停止？时间有起点和终点吗？最大的数字存在吗？从小时候起，我们就不断思考这样的问题。似乎每个人在某个时候都对无限产生过兴趣。然而无限并不是什么云山雾罩的模糊概念，而是能够被精确地研究，并且研究结果可能会让我们感到很不可思议。

在人类的哲学、宗教和艺术中，关于无限的思想探究一直存在。美国爵士吉他手和作曲家帕特·马塞尼说："我在音乐家身上想寻求的是无限的感觉。"英国诗人和画家威廉·布莱克推断，人类的感官阻碍了我们对事物本质的欣赏，"如果感知的障碍之门被破除，万事万物的本来面目会展现在人类眼前，那就是无限"。法国小说家古斯塔夫·福楼拜则警告大家，无限是一件细思恐极的事："你越接近无限，对恐惧的洞察就越深入。"

科学家也时不时会遇到无限的问题，但不总是愉快的事。在 20 世纪 30 年代，理论家们试图找到更好的方法来理解亚原子粒子，并发现他们的计算导致数值膨胀到无限大。例如，在电子－电子散射实验中，当他们把电子当作一个大小为 0 的粒子时就会发生这样的情况。他们的计算预测了一个电子周围的电场能量是无穷大的，这无疑是荒谬的。最终，他们找到了能避免这种尴尬的方法，即一种被称为"重整化"的数学技巧。它目前已经成为量子力学领域的标准策略，尽管仍然有些物理学家对它的任意性感到不安。

在物理学尺度的另一端，宇宙学家则渴望了解，宇宙作为一个整体其大小是有限的或各方面都是无边无际的。目前，还完全不得而知。我们能看到的宇宙部分（至少是理论上），即所谓的可观测宇宙，大约宽 920 亿光年——1 光年是指光在一年内走的距离。这个可观测宇宙是宇宙整体的一部分，这是自从宇宙大爆炸以来，光能够达到我们这里的范围。在这个范围之外，可能还存在一个更大的空间体积，也许是无限大，但我们没有办法接近。

自从爱因斯坦提出广义相对论以来，我们已经知道我们生活的空间是弯曲的，就像一个球体表面是弯曲的一样（尽管我们的空间是三维的而不是二维的）。更准确地说，时空（空间和时间紧密地交织在一起）不必遵循我们在学校里所学的几何学那些熟悉的规则。在我们所知的局部范围内，可以确信时空是弯曲的：任何有质量的物体（如太阳或地球）周围的时空都是扭曲的，就像在橡皮筋上放一个重物，它会被拉伸一样。但我们无法得知整个宇宙是弯曲的（即不符合欧几里得的几何原理），还是平坦的。宇宙学家热衷于寻找这个问题的答案，因为宇宙的形状决定了它最终的命运。

如果时空在总的范围上是弯曲的，那么宇宙可能是一个封闭的形状，就像球体或甜甜圈的表面一样。它的大小可能是有限的，但无论你走多远，永远无法到达边界或边缘。另一种可能性是，宇宙的形状类似于一个无限延伸的马鞍表面，它的形状是“开放”的，永远延伸开去，或者说仍是有限的。作为一个整体，宇宙也有可能是平的，在这种情况下，它的大小可能是有限的，也有可能是无限的。不管结果如何，如果宇宙一开始时大小是有限的，它将一直保持这个状态（尽管可能会继续变大）。如果它是无限大，那么它一直就是这样的。宇宙的大小永远是无限大，这一点跟大家对大爆炸理论的了解可能不太一致。根据大爆炸理论，宇宙诞生时，物质和能量从一个比原子还小得多的区域喷射而出。但其实这并不冲突，因为这最初很小的区域所展示的也许仅仅代表可观测宇宙的大小，即光在大爆炸开始的几分之一秒内能走的最远距离。宇宙作为一个整体，一开始仍然可能是无限的，尽管这不会被观测到。不管宇宙最终是无限的还是有限的，这两种选择都不容易在头脑中出现，都很难想象。而当我们开始思考这个有限的选择时，它可能更难。正如哲学家和散文家托马斯 · 潘恩所写："想象宇宙无边无际是困难的，但是为它想象一个边际更难；想象时间的永恒是困难的，但是想象一个没有时间存在的宇宙更难！"

天文学家目前从研究遥远星系中收集到的证据表明，宇宙是平坦且无限大的。但是在我们所处的真实宇宙中，这个"无限"在时间和空间上的意义并不明显。我们永远无法通过直接测量来证明空间和时间是永恒的，因为我们永远无法从无限远的地方接收到信息。此外，关于空间和时间本质的理解也非常困难。物理学家认为，存在一个最小可能距离和最小可能时间，分别称为普朗克长度和普朗克时间。换言之，空间和时间不是连续的，而是颗粒状、可量化的。普朗克长度非常小，只有 1.6×10^{-35} 米，即质子宽度的一万亿亿分之一。而普朗克时间——光传播普朗克长度所需的时间——也非常短，不到 10^{-43} 秒。这种时空粒度的存在，意味着我们在物质宇宙背景下探讨无限时要格外注意。数学家们已经发现，不是所有的无限都是相等的。

早在两千多年前，希腊和印度哲学家就记录了他们对无限的想法。公元前 6 世纪，阿那克西曼德提出，“无边”（*apeiron*）是万物之源。大约一个世纪后，他的同胞、意大利埃利亚（位于意大利南部，如今被称为卢卡尼亚）的芝诺成为第一个从数学角度探索无限的人。

芝诺很早就从他的悖论了解到“无限”的危险之处，其中最著名的是阿喀琉斯与乌龟赛跑的故事。阿喀琉斯对胜利充满信心，他让乌龟先出发。但是，芝诺提问，阿喀琉斯要如何才能追上这只慢吞吞的爬行动物呢？首先他必须追上乌龟所在的地方，但是当他追上时，乌龟已经继续往前移动了；他再追，等追上时，乌龟又已经往前走了……就这样无限地间隔开来。无论阿喀琉斯到达对手的位置多少次，乌龟都比他走得更远。显然，有时我们对无限的想法和现实中事情的发展是不一样的。事实上，芝诺被这个问题弄糊涂了，他觉得非但不要去想无限，连这样的运动也不要再想了！

毕达哥拉斯和他的门徒们也遇到过类似的冲击。他们曾相信，宇宙中的一切都可以用整数来理解。毕竟分数也是由一个整数除以另一个整数得到的。但 $\sqrt{2}$ 这个数字——两个短边长度为 1 的直角三角形的对角线边长——却无法嵌入他们“整数”的宇宙观之中。这是一个“无理数”，它无法用两个整数的比值来表示。换句话说，它的分数位将持续延长下去，并且毫不重复。对此，毕达哥拉斯学派还无法知道，他们只知道，$\sqrt{2}$ 是他们看似完美的宇宙观中像刺一样扎眼的怪物，因此选择将它保密。

这两个例子表明了我们在处理无限时遇到的一个基本问题。我们的想象力能够应对一些有边界的事物：我们总是可以想象再走一步或者总数上再加1。但是作为自成整体的无限则令人迷惑。对于数学家们来说，这是一个非常令人头疼的问题，因为数学要求精准的数量和精确的定义。他们怎样正确处理无限的事物——如$\sqrt{2}$（从1.41421356237开始……一直延伸下去，没有任何可预测的模式或者重复）和一条无限接近直线的曲线——同时避免与无限本身发生冲突呢？亚里士多德提出了一个可能的解决方法，他提出两种无限的存在。第一种是“实无限”或称“完全无限”，指某个时间点完全实现的无限，真正达到的无限（数学上或物理上），但亚里士多德认为它不可能真正存在。第二种是“潜无限”，他认为这种无限在自然界中很常见，例如四季无休止的循环，或者一块金子的无限分割性（当然他并不知道原子的存在），即在无穷时间中延伸的无限。实无限和潜无限之间的基本区别在数学界存在了两千多年。

1831年，同样名声赫赫的大数学家卡尔·高斯也表达了他对“实无限的恐惧”，他说：

> 我反对将无限这个量级视作一个完整的对象，这在数学中不被允许。无限仅仅是真理的一种状态：有些分数的值无限接近一个值，而一些分数则无限增长。

仅仅着眼于潜无限使得数学家能够处理和发展一些关键的概念，如无穷级数、极限和无穷小等等，并因此开发出微积分，而不需要承认无限是一个数学对象。但早在中世纪，数学中就出现了一些悖论和谜题，使得人们不得不去正视实无限的存在。这些谜题源于这样一个原则：一个物体集合的所有成员与另一个同样大小的物体集合中的所有成员能够一一匹配。然而，当我们把它应用在无限大的集合中时，就会与首次表达的欧几里得的常识产生矛盾，即集合的总体始终大于集合的任一部分。例如，所有正整数的集合与只有偶数的集合似乎可以一一对应：1 与 2、2 与 4、3 与 6，以此类推，尽管正整数中还包含有奇数。伽利略是第一个对此类问题表现出包容态度的人，他说："无限应遵循有限数字之外的算法。"

潜无限的概念使得我们误以为，只要继续沿着这条路走得够远或够长，就能接近无限。然而，只需一小步，就会出现一个流行的神话，即误以为一万亿或一亿亿亿这样大的数字在某种程度上比十或千更接近无穷。但情况绝非如此，继续在我们可以探索到的数字大小上增加并不会将我们带向无限。不管我们能数到多大一个数字，我们离无限的距离与数字 1 离无限的距离是一样远的。换言之，无限其实就包含在每一个数字之中，不管这数字有多小。因此，沿着有限数字不断增大的路程去寻找无限完全是徒劳的。事实上，在 0 和 1 之间就存在着无限，因为中间可以有无限多的分数：1/2、1/3、1/4……无限与一个有限的大数字根本毫无关系。要想探寻无限，我们必须从有限数的思维领域中跳脱出来，不要用有限数的模式来理解它。

德国数学家大卫·希尔伯特提出的一个例子，展示了无限的算术是多么奇怪。他在1924年的一次演讲中描绘：想象一家拥有无数房间的酒店。在通常的旅馆里，由于住宿空间有限，一旦所有房间都满了，就再也挤不进客人了，但“希尔伯特大酒店”却大不相同。如果入住1号房间的客人搬到2号房间，入住2号房间的客人搬到3号房间，以此类推，那么1号房间就可以被腾出来安置一个新的客人。同样，通过将1、2、3号等房间的客人转移到2、4、6号等房间，就可以为无限数量的新客人腾出空间。按照这个方法，我们甚至可以挪出所有的奇数房间。这个过程可以无限地持续下去，因此，假使无数辆客车载着无数旅客突然光临，他们也全都能安稳地住进去。这个结果听上去非常不可思议，因为我们的大脑在直觉上不习惯处理无限大的事物。事实上，无限多的事物的特性和有限多的事物的特性完全不同，就像在科学中，世界在非常小的量子尺度上的行为与日常层面中的行为大不相同。在希尔伯特大酒店中，“每间客房都有一个客人”和“可容纳更多客人”这两种说法并不矛盾。

如果我们能接受无限多元素数集的现实，就会进入一个奇特的世界。这是19世纪末数学家们面临的一个关键问题：他们是否准备好了接受实无限作为一个数字？大多数人仍然像亚里士多德和高斯一样持反对意见，但一些数学家，包括德国数学家理查德·戴德金，尤其是他的同胞格奥尔格·康托尔等人认为，是时候把无限集的概念建立在合理的逻辑基础上了。

康托尔在开创这片奇异而令人不安的无限王国的过程中，遭到许多同时代人（其中最糟糕的是，包括他过去的导师利奥波德·克罗内克尔）的激烈反对和嘲笑。他失去了柏林大学的工作，时时陷入疯癫之中。在后来的生活中，他偶尔会在精神病院里接受治疗，为莎士比亚作品的真实性而苦恼，并陷入其数学成果的哲学甚至宗教含义的混乱之中。尽管他于 1918 年在疗养院潦倒去世，那时他的国家战火纷飞，但现在仍因对集合论以及我们理解无限做出的重要贡献而被人们铭记。

康托尔认为，用来判断两个有限集是否相等的著名配对原理，同样可以很好地适用于无限集。因此，偶数的正整数确实和正整数的总数一样多。他认为，这绝非悖论，而是无限集的一个定义性质：整体并不一定大于部分。他还证明了所有自然数的集合，也就是所有非负整数的集合—— 0、1、2、3……（有时不包括 0），包含的成员恰好和所有有理数（有理数是一个整数除以另一个整数得到的数）的集合一样多。他称这个无限的数字为 aleph-null（$\aleph_0$），aleph 是希伯来语字母表的第一个字母，null 是德语的“0”。$\aleph_0$ 有时也可写作阿列夫零或阿列夫无。

你可能会以为，无穷大的数字只有一个就够了，因为一旦某个事物是无穷的，还有什么比它更大呢？但你错了。康托尔还证明了存在不同的无限数字，$\aleph_0$ 是最小的一个。比 $\aleph_0$ 大的还

有 $\aleph_1$（他认为它更“强有力”），比 $\aleph_1$ 无限大的是 $\aleph_2$，以此类推，无穷无尽。无益的是，就想象力而言，阿列夫有无限多的尺寸。不仅如此，每个阿列夫数字集合中又包含了无穷多的无限数字，这让我们在无限领域要考虑基数和序数的重要区别。

在日常的语言和算术中，基数告诉我们一个事物集合中物体有多少——1、5、42……而序数，顾名思义是指一个事物的顺序或位置——第一、第五、第四十二，等等。这两类数字的区别似乎非常清晰，也没什么重要的。假设我们以铅笔为例，很明显，如果你想拥有“第五”支铅笔，这一组至少要有五支铅笔；如果这一组有七支铅笔，你也可以拥有“第五”支铅笔。当然你也可以有五支铅笔，如果你不去给它们排序的话，也没有“第五”支铅笔。但是，撇开这些细微区别不谈，我们可以对基数和序数使用相同的符号，1（1st）、5（5th）、42（42nd）等等，而且不用太在意基数和序数的区别。但是康托尔发现，当涉及无穷大的数字时，两者的区别就会十分明显。要了解这一点，让我们来快速看看康托尔和戴德金共同发展的领域——集合理论。

集合是数字或其他任何东西放在一起组成的事物的集合，用一对括号或大括号来表示，如 {1，4，9，25} 和 { 箭头，弓，75，R} 都是集合。集合的大小（包含多少元素）称为基数，并用基数表示。以上两个集合都有四个成员或者元素，因此都是 4 基数集合。一般来说，如果两个集合的基数是相同的，那么第一个集合中的每个成员都可以与第二个集合中的成员一一配对而不会有剩余。例如，我们可以将 1 与 75 配对，4 与箭头配对，9 与 R 配对，25 与弓配对，以表明这些集合具有相同的基数。有限基数——衡量有限集大小的基数——只是自然数 0、1、2、3，以此类推。第一个无限的基数是 $\aleph_0$，比如我们之前所提到的，它衡量的是所有自然数集合的大小。

对于有限集合，由基数给出的集的“大小”和由序数给出的集的“长度”之间差别很小。但是康托尔发现，在无限集中，基数和序数是两种不同的东西，给出的概念完全不同。为把握这种不同，让我们先来了解一下“有序集”。一个集合在满足以下两个条件后可以称为有序集：第一，它必须有确定的第一个元素；第二，其成员的每个子集或子组中也必须有确定的第一个元素，例如有限集 {0，1，2，3} 是有序的。另一方面包括了正数和负数在内的所有整数的集合 {…−2，−1，0，1，2，…} 就不是有序集，因为它没有确定的第一个元素。所有自然数的集合 {0，1，2，3，…} 是有序集，因为尽管在末尾没有确定的元素，但是它开头的元素是确定的，并且每个只包含自然数的子集也有明确的第一个元素。

现在，关键的一点是，大小或基数相同的有序无限集合可以有不同的长度。这个概念可能不太好理解，即使对数学家而言也是如此。严格地说，我们应该说不同的“序数”而不是“长度”，但更熟悉的术语有助于理解发生了什么。以集合 {0，1，2，

3，4，…} 和 {0，1，2，4，…3} 为例，其中“…”表示无限持续下去，从 4 开始一直往前，而第 2 组是以 3 来结束的。这两个集合都是包含所有自然数的集合，因此具有相同的大小或基数——$\aleph_0$。但是第二个集合稍微长一点。乍一看似乎很难理解，因为对于有限集来说，{0，1，2，3，4} 和 {0，1，2，4，3} 是一样长的，它们都是 5 基数。但是对无限集，就非常违反直觉了。集合 {0，1，2，3，4，…} 没有一个有限的末端元素，因为“…”表示它将无限延伸下去。{0，1，2，4，…3} 则不同，它也包含了一系列永远持续下去的自然数，但是末尾还包含一个成员，它在永无止境序列的所有成员之外。假设将 3 移去，序列 0，1，2，3，…与 0，1，2，4，…是一样长的。换言之，你可以将两个序列完全地一一配对，永远不会有多余的。但是把 3 移到末尾，相当于在无限序列后再加上一个 3，这使得长度变长了。我们再换一个角度，对于第一个集合 {0，1，2，3，4，…}，有第一个元素（0）、第二个元素（1）、第三个元素（2）、第四个元素（3）……对于第二个集合，有第一个元素（0）、第二个元素（1）、第三个元素（2）、第四个元素（4），等等。但是有一个元素 3，不属于上面的集合，我们分配给 3 的序数值不是数的值，而是它出现后的顺序——比前面任何数都要大。

我们需要给这类无限数起一个与阿列夫不同的命名。数学家将最小的无限序数——所有自然数集合中最短的长度——称为 omega（ω）。对于集合 {0，1，2，4，…，3}，其中 3 位于所有自然数之后，我们可以表示为 $\omega+1$，另一种说法是 3 是该集合中第（$\omega+1$）位元素。这里的“+”有点让人困惑，传统意义上的“加法”，仅仅表示 $\omega+1$ 是 ω 后面的下一个序数。我们可以在 ω 的基础上做加法，却不能做减法——假设将末尾的 3 去除掉，则集合 {0, 1, 2, 4, …} 的序数仍然是 ω，不存在 $\omega-1$。这对于习惯处理有限数字的大脑来说，可能不太容易理解。事实是，对于所有自然数集合，无论去掉多少个有限的元素，它的“长度”都不会减少，但是将这些去掉的有限数字加在集合末尾，集合的长度就会增加。

简单来说，$\aleph_0$ 和 ω 指的都是同一集合——自然数集合，$\aleph_0$ 指的是它的大小（包含多少元素），ω 是它的最短长度。通过将集合中元素从通常的顺序中取出来，然后放在末尾，这个 ω 可以不断增加，例如集合 {2，3，4，…，0，1} 的基数为 $\aleph_0$，但是序数为 $\omega+2$。我们可以继续增加自然数集合的长度，通过移动更多的元素来超越代表“永远持续下去的”三个点（…）：集合序数大小可以写成 $\omega+3$、$\omega+4$……一直持续到 $\omega+\omega$（或 $\omega\times2$），例如写成这样，它表示自然数集合中所有偶数组成集合的后面放上所有奇数组成的集合 {0，2，4，…，1，3，5，…}。因为每个序列的长度都等于 ω，然后我们可以像之前一样，将元素移动到末尾。又如，写出 $\omega\times2+1$ 的方法是 {2, 4, …, 1, 3, 5，…，0}。再如，写出 ω 的幂值也是可能的，ω^2、ω^3……一直持续到 ω^ω。然后再到 ω 的幂（幂塔）的堆叠，越伸越高，直到我们达到一个高度是 ω 的 ω 幂塔。在此之后，即将开始的一个阶段是被康托尔称作 ε_0 的序数。正如 ω 是有限序数之外的最小序数一样，ε_0 是 ω 所有加减乘除和幂次运算之外的最小序数，这是打开通往 ε 数字领域的大门，与 ω 序数一样，它是无限大的。对 ε 数字整个过程的描述依然包括对 ε 进行所有加减乘除和幂次运算的范围，直到 $\varepsilon^{\varepsilon}$ 为止。到那时我们可以到达一个新的无限序数阶段，从 ζ_0 开始，此后一直这样下去。

描述无限的体系继续延伸下去，将会遇到命名的困难。最终，这样的延伸会将所有希腊字母、所有普通符号系统中的符号全部用尽。除了命名困难，人们在寻找更强大、更紧凑的方法来表示庞大的无限序数问题时，遇到的技术难题也越来越大。就在这个过程中，一旦 ζ_0 被远远甩在后面，就出现一些与数学家相关的里程碑式的命名数字：菲弗曼 · 舒特序数、大小维布伦序数（两个序数都非常大）、巴赫曼 – 霍华德序数和丘奇 – 克林序数（由美国数学家阿朗佐 · 丘奇和他的学生斯蒂芬 · 克林首次描述出来）。要想恰当地解释所有这些序数的含义可能需要一本书的篇幅，因为它们背后的数学原理是如此的难以领略。例如，丘奇 – 克林序数就太过复杂庞大，以至于没有任何命名法能够表示它。

这些序数连专业数学家都很少遇到，更别说我们普通大众了。但是有关这些序数关键的一点是，无限序数是可数的。也就是说，目前我们讨论过的从 ω 开始的每一个无限序数，都能与自然数集合一一对应，没有遗漏。这很有意义，因为所有这些序列都只是自然数的重新排列。另一种说法是，它们都对应于 $\aleph_0$ 这个基数的大小。但是，即使我们到达了 ε_0 甚至是丘奇－克林序数这样大的序数时，也没有比开始时更接近一种更大的无限：这样大的序数仅仅是提供了不同的排列自然数集合的方式。更大的无限意味着超出这个 $\aleph_0$ 体系，那会是怎样的呢?

$\aleph_0$ 与我们习惯处理的数字不同。我们知道 1+1=2，但是对于 $\aleph_0$，加上 1 后它仍然是 $\aleph_0$。$\aleph_0$ 加上或减去任何有限数以后仍然是 $\aleph_0$。让我们来根据事实改编一下经典歌曲《十个绿瓶子》："$\aleph_0$ 个绿瓶子在墙上，$\aleph_0$ 个绿瓶子在墙上，突然掉下一个绿瓶子到地上，依然有 $\aleph_0$ 个绿瓶子在墙上。"（无限地循环）你不能通过加上、减去或乘以任何有限数，甚至与 $\aleph_0$ 相乘的方法来改变 $\aleph_0$，但是康托尔在以他命名的康托尔无限体系中规定了无限数的层次，其中 $\aleph_0$ 是最小的。下一个无限的基数 $\aleph_1$ 比 $\aleph_0$ 大得多，它与所有可数的序数集合的大小相等。要准确展示出序列是 $\aleph_1$ 大小的序数有些困难，尽管像 $\{0，1，2，\cdots，\omega，\omega+1\cdots\omega\times2\cdots\omega^2\cdots\omega^{\omega}\cdots\varepsilon_0\cdots\}$ 这样的序列能够将每个可数的序数（通过打乱自然数顺序所能产生的每一个可能长度）罗列出来，它们具有的顺序类型是 ω_1（对应的最小序数是 $\aleph_1$）。

让我们再来快速回顾一下"可数"的含义——简单地说，就是一个集合或序列能够被数清楚的元素个数。换句话说，"可数"指的是某物可以在其中排列，尽管它们不一定按照通常的顺序排列。有时会存在一些打乱顺序的情况，如前文提到的希尔伯特大酒店的情形。因为自然数是可数的，所以自然数集合的 $\aleph_0$ 的大小被称作可数的无限基数。与之相对应的是最小的无限可数序数 ω 和许多其他的无限可数序数。就序数来说，关于顺序的信息非常重要，由于所有这些无限可数序数的出现，因此需要将序数和基数做更仔细的区分。即便如此，所有从 ω 开始的可数序数包括 ε 数和其他数都与 $\aleph_0$ 相关——它们的基数都相同。但对于 $\aleph_1$ 则有显著的不同，$\aleph_1$ 不仅大得难以描述，并且不可数。与它相对的是最小的不可数序数 ω_1。

$\aleph_1$ 是所有可数序数集合的大小，对此，我们是否有其他理解方式呢？我们知道 $\aleph_0$ 是所有自然数集合的大小，那么 $\aleph_1$ 能否与一些我们熟知的东西相对应呢？康托尔认为可以，他认为 $\aleph_1$ 的大小与一条数学直线上的点的总数相同，令人惊讶的是，他发现与所有平面或者更高的 n 维空间里点的数量也是相同的。这个空间点的无限被称作"连续统的势"（c），同时也是所有实数（所有有理数与所有无理数的总称）的集合。而实数与自然数不同，它不是可数的。例如，如果我问你在实数序列中 357 之后是哪一个，你可以重新排列实数或者用你想要的计数策略，但事实仍然是，有些实数哪怕你一直数下去都数不清。

康托尔提出一个叫"连续统假设"的观点，据此，他认为 $c=\aleph_1$。这也表明，自然数集合和实数集合之间不存在一个可以用基数表示的无限集。然而，尽管付出了很多努力，康托尔始终无法证明或反驳他的连续统假设。如今人们已经知道了这个原因，以及它撼动了数学学科的根基。

在20世纪30年代，奥地利出生的逻辑学家库尔特·哥德尔指出，从集合理论的标准公理或假设出发无法证明连续统假设的错误。为了证明这一点，哥德尔建立了一套显而易见的集合系统，称作“可构造性宇宙”，在这个系统中，他证明所有公理，包括连续统假设都是正确的（尽管这并不是说可构造性宇宙是唯一可使用的集合系统）。三十年后，美国数学家保罗·科恩指出，从集合理论的标准公理或假设出发也无法证明连续统假设的正确。换句话说，在常规的数学框架下，它的状态是不确定的。自从哥德尔提出著名的“不完全性定理”以来，这个问题就一直悬而未决。我们在第五章也讨论过，不完全性定理指的是，在任何足够复杂的公理体系中，如果这个体系是完备的，那么在体系自身会存在一些命题既无法证实，也无法证伪（在最后一章介绍不完全性定理时将进一步阐述）。但连续统假设的独立性还是令人不安，因为它是第一个无法从普遍接受的公理体系中判断其真伪的重要问题具体例子，而大多数数学都是建立在该公理体系之上。

关于连续统假设最终是否为真，或者它是否有意义的争论，在数学界和哲学界引发了激烈讨论。至于不同种类无限和无限集存在的本质，这些都取决于使用的数论。对于“在整数之外是什么？”这个问题，不同的公理和规则给出的回答也不同。

这使得比较各种类型的无限和确定它们的相对大小变得困难，甚至毫无意义，尽管在任何已知的数系统中无限可以有一个明确的顺序排列。

在 $\aleph_0$ 之外还有一系列的基数阶层体系。假设连续统假设为真，这也是大多数数学家的默认立场（因为它能产生有用的结果），则下一个最大的无限基数为 $\aleph_1$，等于所有实数集合的大小，或者所有排列 $\aleph_0$ 成员的不同方式。此后便是 $\aleph_2$（它等于 $\aleph_1$ 所有成员排序的不同方式），然后是 $\aleph_3$、$\aleph_4$ 等，无限延伸下去。每一个阿列夫数字对应的是无限多个序数，其中最小的是 $\aleph_0$ 所对应的 ω，然后是 $\aleph_1$ 所对应的 ω_1，$\aleph_2$ 所对应的 ω_2。尽管存在无限多的阿列夫数字，每一个都比上一个无限大，数学家们仍然希望找到比所有这些可以想象的阿列夫数字更大的基数。要实现这一点，他们需要跳脱出数学学科的基本常识框架，求助于另一种技术——由前述提及的保罗·科恩首次提出的"力迫法"。由此引出一个"大基数"的概念，实际上它非常巨大，包含了一些有着特殊名称的基数，如马洛基数和超紧基数。

最后（至少现在），有一个关于无限的概念是"绝对无限"，有时可以用 Ω（大写的 ω）来表示，指一个超越所有无限的无限。康托尔本人也提到了这个概念，但主要是以宗教形式描述出来。康托尔是一个虔诚的路德宗信徒，基督教的信念偶尔会出现在他的学术著作中。对他而言，哪怕 Ω 存在，也只能是在他信仰的上帝心中。在此基础上，Ω 不过是一个宏大的形而上学推测。仅仅从数学角度而言，绝对无限是无法严格定义的，所以数学家们常常试图忽略它的存在，除非他们想陷入哲学思辨之中。有一种解释看上去很吸引人，那就是冯·诺伊曼宇宙，即宇宙中所有集合的所有元素的总和。但冯·诺伊曼宇宙实际上不是一个集合（而是一类集合），所以它不能用来定义任何特定的无限，无论是基数的还是序数的。另外一个更有争议的观点是，将 Ω 看作 1 除以 0 的最合理的结果。在正常的数学中，这个过程不可实现。但是它可以在某些几何形式中实现，如射影几何，这样的结果是产生“无穷远点”或“无穷远线”的想法。无论如何，对 Ω 的追求将继续挑战未来世代的数学家、逻辑学家和哲学家。同时，我们有无穷多个、逐渐增大的无限，足以让我们的大脑忙个不停。

最后一个想法：这些数学中的无限在现实世界中是否有所反映，还是说它们是纯粹抽象的东西？之前已经提到，宇宙学家倾向于认可我们生活的宇宙在几何上是平坦的，在空间和时间上是无限的。如果宇宙真的无边无际，那么在数学上有哪种无限可以对应呢？空间和时间似乎是以离散的数量出现的——普朗克长度和普朗克时间——这意味着它们不像数学直线上的点那样是连续的。所以，如果实际的宇宙是无限大的，它似乎只能与最小的无限集——$\aleph_0$ 相对应。比这更大的东西，可能总是在我们所受限的智力中或者某些不受物理定律约束的柏拉图空间里。

第十一章　最大的数

整数的问题在于，我们只研究了非常小的数字。也许当整数到达很大的值，那些我们甚至无法以任何非常明确的方式开始思考的大数字时，会发生一些令我们兴奋不已的事情。

——罗纳德·葛立恒

问一个小孩子他能想到的最大的数是什么，他往往会一长串地念下去“五十亿亿万亿万亿……”直到他说得喘不过气来，还会插入一些奇怪而模糊的“kazillion”或“bazillion”。这样的数按照日常标准当然很大了，也许比地球上所有生物，或者宇宙中所有星体的数量还要多。但与数学家们遇到的真正的大数比起来，这些还是小巫见大巫。即便你执意要在成年的清醒人生里，每秒钟说出一个“万亿”，你最后得到的一个数字和我们即将见到的数字宇宙的怪物，例如葛立恒数、TREE（3），以及极其庞大的拉约数相比，还是微小得难以置信。

阿基米德被认为是最早开始认真思考大数问题的人之一。阿基米德在公元前287年左右出生在西西里岛的叙拉古，被广泛认为是古代最伟大的数学家，也是历史上最伟大的数学家之一。阿基米德想知道世界上有多少颗沙粒，除此之外，又有多少沙粒可以被塞进整个空间。古希腊人认为空间无穷无尽地延伸到一个球体，里面容纳他们所谓的恒星（即与行星不同的固定星体）。他在文章《数沙者》中写道：

> 革隆国王，我知道有些人认为沙子的数量是无限的，我指的不仅是叙拉古和西西里岛的沙子，还包括在不管住人与否的每一寸土地上的沙子。同样还有一些人不把这个数量看作无限，但是认为没有数能够比这个大。

为了给估算宇宙范围内的沙子铺平道路，阿基米德开始扩展当时可用的大数命名的系统——这也是此后所有试图定义越来越大的整数的数学家们首先遇到的关键挑战。希腊人将10,000称为*murious*，译过来就是“无法计数”，罗马人则称之为“无数”（*myriad*）。在进入大数的国度时，阿基米德使用了“无数无数”作为自己研究的起点，也就是100,000,000，用现代指数来表示即10^8，这远远大于希腊人日常生活中接触到的所有数字。阿基米德将达到“无数无数”的数称为“第一级数”，将达到“无数无数”乘以“无数无数”的数（10^{16}）称为“第二级数”。以此类推，是“第三级数”“第四级数”……在他的方案中，每一级数都比前一级数大“无数无数”的倍数。最终，他可以达到一个“第无数无数级数”，即 10^8 自乘 10^8 次或是（10^8）$^{10^8}$。通过这样的方法，阿基米德可以描述到有 800,000,000 位的数字，他把这些数字定义为“第一阶段”。数字 $10^{800\,000\,000}$ 本身则被视作“第二阶段”的开始，并不断以这样的过程重新开始。每个阶段都比上一阶段的数大 10^8 倍，直到“第无数无数个”阶段结束后，他可以得到一个巨大的数 $10^{80\,000\,000\,000\,000\,000}$，或者说“无数无数”自乘“无数无数”倍的“无数无数”。

事实证明，阿基米德不必费心其努力计数沙粒的总数会超过他所定义的“第一阶段”。在他认识到的宇宙中，远至恒星的整个空间相当于以太阳为中心的两光年直径长。根据他对一粒沙子大小的估计，8×10^{63} 粒沙子就能把宇宙变为一片巨大的沙滩。8×10^{63} 仅仅是他第一阶段中的第八级数。即使按照他的估计，在宇宙所观测到的 920 亿光年的范围内，也不会有超过 10^{95} 粒沙子的空间，这个数字大致是在第一阶段中的第十二级数。

就大数而言，阿基米德可能是西方世界的巫师。但在东方世界，学者们很快就大大推进了对大数巨物的探索。大约 3 世纪，在印度梵语文献《普曜经》中，描绘了佛陀乔达摩向数学家阿诸那描述一个以俱胝（*koti*）（梵文中的 10,000,000）开头的数字系统。从俱胝往下，是他命名的一长串数字，每个都比上一个大一百倍：一百个俱胝是一个阿庾多（*ayuta*），一百个阿庾多是一个那由他（*niyuta*），以此类推，一直到 *tallakshana*，也就是 1 后面有 53 个 0。同时，他将更大的数字命名为 *dhvajhagravati*，等于 10^{99}，直到 *uttaraparamuarajapravesa*，即 10^{421}。

另一部佛教文献在通往非常巨大的路上走得更远，走到了无比壮观的彼岸。《华严经》描述了一个具有无穷多层级、互相交叉的宇宙。在卷三十中，佛陀再次阐述了大数的形成，从 10^{10} 开始，将其平方得到 10^{20}，再次平方得到 10^{40}，以此类推是 10^{80}、10^{160}、10^{320}……一直到 $10^{101\,493\,392\,610\,318\,652\,755\,325\,638\,410\,240}$。再将这个数平方，他宣称得到的数为“难以计数之物”。此外，他还将梵语中所有能形容“超级”的词语搜罗一空，他继续命名更大的数为“无量”“无边”“无比”“无数”“不可思”“不可量”“不可说”，到最后的顶点得到一个“不可说不可说转”——$10^{10\times(2\text{^}122)}$。（符号 ^ 用来表示一个数的另一个数的次方，所以 $10^{10\times(2\text{^}122)}$ 等于 $10^{10\times2^{122}}$。）这个数字让阿基米德在其著作中提到的最大数字 $10^{80\,000\,000\,000\,000\,000}$ 相形见绌，后者必须要提高至大约 66,000,000,000,000,000 的幂才有可能与“不可说不可说转”同台角逐。

阿基米德和佛经都使用了大数，给人带来不同版本的浩瀚宇宙的印象。在佛教中，人们也相信，命名一个事物会赋予人某种特定的能力。但是数学家通常对为了发明大数的新名称以及越来越大的数字的方案没有兴趣。如今我们使用“–illion”

这个词根来命名大数的惯例，要追溯到15世纪法国数学家尼古拉·许凯。在一篇文章中，他写下一个巨大的数字，按照每六位数分一组，把这些数字组称为：

> 百万（million），第二个标记十亿（byllion），第三个标记万亿（tryllion），第四个标记千万亿（quadrillion），第五个标记百亿亿（quyillion），第六个sixlion，第七个septlion，第八个ottylion，第九个nonylion，以此类推，你想怎么叫就怎么叫。

1920年，美国数学家爱德华·卡斯纳让他九岁的侄子米尔顿·西洛塔为1后面有100个0的数字想一个名字。西洛塔想出的名是“googol”，这个词在卡斯纳与詹姆斯·纽曼合著的书《数学与想象》中被提到以后，被收录进了流行词典。年轻的西洛塔还提议了一个名为“googolplex”的数，指的是“在1后面写0写到你累了为止”。卡斯纳则表示需要一个更准确的定义，“毕竟每个人感觉累的时候不同，卡尔内拉（重量级拳王）也永远不会因为耐力更强就成为比爱因斯坦对数学贡献更大的数学家”。如果我们对此轻描淡写地改良一下，googolplex可以精确地表示为：它是10^{googol}，即1后面有googol个0。Googol是很好写出来的：

10,000,000,000,000,000,000,000,000,000,000,000,000,000,00

0,000,000,000,000,000,000,000,000,000,000,000,000,000,000,
000,000,000,000,000,000

但 googolplex 则大得吓人。地球上没有足够多的纸张，甚至整个可观测宇宙也不足以写下 googolplex 的全部位数，哪怕把每个 0 写得像质子或电子一样小。Googolplex 比古代任何有名字的数都大，包括那个“不可说不可说转”。然而，它却比一个数字小——“斯基维斯数字”。这是 1933 年南非数学家斯坦利 · 斯基维斯在研究质数时产生出来的，指的是质数分布问题的一个上限或最大可能值。英国著名数学家戈弗雷 · 哈罗德 · 哈代（拉马努金的导师，以及广为流传的《一个数学家的辩白》的作者），将斯基维斯数字描述为“数学史上有实际意义的最大的数”。它的数值是 $10^{10\text{\textasciicircum}10\text{\textasciicircum}34}$，或者更准确地写作 $10^{10\text{\textasciicircum}8852142197543270606106100452735038.55}$。这个巨大的上限本身需要黎曼假设，正如我们在第七章所见，黎曼假设仍是困扰数学家的难题。几十年后，斯基维斯提出了一个数字（同样也是为了解决质数问题，但是在不同情况下）。这个数字更大，$10^{10\text{\textasciicircum}10\text{\textasciicircum}964}$，与上面的数字大约相差几万亿。

为了不被纯数学领域超越，物理学家们也提出了一些物理领域的大数来解决一些不同寻常的难题。在这场大数对战中，物理学前沿一个早期的出场选手是法国数学家、理论物理学家和博学者亨利 · 庞加莱。他在诸多著作中提出了一个问题：物理系统需要多长时间才能准确地返回到某个状态？这个时间被称为“重现时间”。以宇宙为例，其重现时间指的是物质和能量在经历了一系列变化、重组，最终回到原点——在亚原子水平上重新组合到和之前一模一样的状态所需时间的间隔。加拿大理论家唐·佩奇（他曾是斯蒂芬·霍金的学生）估计，可观测宇宙的庞加莱重现时间为 $10^{10\wedge10\wedge10\wedge2.08}$ 年，这个数字介于大斯基维斯数字和小斯基维斯数字之间，比 googolplex 要大。至于 googolplex 本身，佩奇已经指出它大约与仙女座星系一样大的黑洞中微观态的数量相等。

“不可说不可说转”、googolplex 和斯基维斯数字都是我们脑海中能想象出的巨大数字，但与另一个数字相比还是太小了。这个数字由美国数学家罗纳德·葛立恒于 1977 年的一篇论文中首次提出。与斯基维斯数字同样，它的产生与一个严肃的数学问题有关——拉姆齐理论。要想接近这个葛立恒数必须分阶段完成，就像在攀登世界第一高峰一样。第一步，我们需要了解一些表示大数的方法，这由美国计算机科学家高德纳设计，被称为“向上箭头表示法”。这个方法建立在这样一个设定上：将乘法视作重复的加法，将指数运算（将一个数提高到它的一个幂值）视作重复的乘法。例如 $3\times4=3+3+3+3$，而 $3^4=3\times3\times3\times3$。在高德纳的命名法中，指数运算用一个单独向上箭头↑表示，如 googol（10^{100}）可表示为 10↑100，3^3 可表示为 3↑3。而重复的指数运算（我们没有日常符号）则用两个向上箭头↑↑表示，所以 $3\uparrow\uparrow3=3^{3\wedge3}$。↑↑运算被称作“迭代幂次”（超 -4 运算，因为它在运算体系中排在加法、乘法和指数运算之后）。这个运算强度非常大，以 3 这个很小的数字来看，$3\uparrow\uparrow3=3^{3^{\wedge}3}=3^{27}$，其数值是 7,625,597,484,987。

迭代幂次可以用另一种幂塔的方式来表示，这对排版工人来说是个噩梦。如果对数字 *a* 要进行 *k* 次的迭代幂次，那么可以用如下方式表示：

$$a\uparrow\uparrow k=\underbrace{a\uparrow(a\uparrow(\cdots\uparrow a))}_{k}=\underbrace{a^{a^{\cdot^{\cdot^{\cdot a}}}}}_{k}$$

换句话说，将 *a* 提升至一叠指数 $k-1$ 的高度。

引用这种算法，数字的增长速度是惊人的：$3\times3=9$，$3\uparrow3=27$，$3\uparrow\uparrow3$ 超过了 7.6 万亿（上述 13 位数字）。而 4 的迭代幂次更是异常惊人，$4\uparrow\uparrow4=4\uparrow4\uparrow4\uparrow4=4\uparrow4\uparrow256$，大约等于 $10\uparrow10\uparrow154$，这个数比 googolplex 的值更大（$10\uparrow10\uparrow100$）。通过短短几笔写下对 4 的向上箭头表示法，就超过 googolplex 这么巨大的数字了。

从指数到迭代幂次，仅仅多加了一个向上箭头，带来的是更加戏剧性的增长。对，没错，这种增长还可以继续。迭代幂次对它自身进行重复运算，这被称为“超 -5 运算”，会导致壮观的爆发式增长。看上去无害的 $3\uparrow\uparrow\uparrow3=3\uparrow\uparrow3\uparrow\uparrow3=3\uparrow\uparrow7{,}625{,}597{,}484{,}987=3\uparrow3\uparrow3\uparrow3\cdots\uparrow3$，在这个幂塔中有 7,625,597,484,987 个 3。如果前述的一座 4 层幂塔足以超过 googolplex，想想这样持续运算下去会带来什么——对，是无法想象的大数。这个数大到人类穷尽一生也无法将它写完，即便是以幂塔的形式！如果将这个幂塔打印出来，那么它的长度可以延伸到太阳。这个数字被称为 tritri，它远比我们之前提到的任何数字都要大，简直要超出我们这些平凡生命体的理解范畴了。但我们才刚刚开始。尽管 tritri 是如此之大，但它与葛立恒数的伟大顶峰相比，还是如同一颗微不足道的尘埃。让我们在刚刚的数上加一个向上箭头，就可以看到 3↑↑↑↑3=3↑↑↑3↑↑↑3=3↑↑↑tritri。我们来看看这意味着什么。现在我们从基数 3 的幂塔上往上攀登，第一层是 3，第二层是 3↑3↑3=7,625,597,484,987，第三层是 3↑3↑3↑3⋯↑3——即有 7,625,597,484,987 个 3（即 tritri)，第四层是 3↑3↑3↑3⋯↑3，也就是 tritri 个 3，以此类推，3↑↑↑3 是 tritri 的幂塔。↑↑↑，这是一个难以置信的巨大进步。但到目前为止，我们只爬到了 G_1 处，即葛立恒数系列的第一个，葛立恒数本身的起点。接下来，我们要往下一个目标 G_2 前进。记住我们每加一个额外的箭头，数字就会以爆炸形式增长。G_2 的定义是什么呢？记住它是 3↑↑↑↑⋯↑3，G_1 个向上箭头。即使只是看一眼，这个数都有点让人头晕目眩，惊叹这数字该有多大。按照日常标准，额外的一个向上箭头就可以带来惊人的数字增长，而 G_2 中竟然包含了 G_1 个向上箭头。你可以继续推测，接下来 G_3 有 G_2 个向上箭头，而 G_4 有 G_3 个向上箭头……而葛立恒数是多大呢？是 G_{64}。1980 年版本的《吉尼斯世界纪录大全》

将这个数认定为在数学证明中使用过的最大的数字。

产生葛立恒数的问题非常难解决，但是阐述起来却很容易。葛立恒正在思考多维立方体的问题——*n* 维中的超立方体。假设超立方体任意两个角或顶点都由一条红色或蓝色的线连接起来。葛立恒提出的问题是：能够使得四个顶点处在一个平面中，且任意顶点之间相连的线全部是同一种颜色的最小 *n* 值是多少？葛立恒证明出，*n* 的最小值是 6，最大值是 G_{64}。庞大的范围反映了这个问题的复杂性。葛立恒可以证明满足条件的 *n* 的值是存在的，但就这个上限值而言，他必须定义一个大得荒唐的数来证明。从那时起，数学家就设法（相对地）缩小这个范围。到目前为止，*n* 值在 13 到 9↑↑↑4 之间。

葛立恒数就像 googol 和 googolplex 一样，在各种讨论大数的文章中被频繁引用，但它也被误解得厉害。第一，它不再是接近人类定义的最大数；第二，在寻找表示和定义新的世界纪录大数的方法时，从葛立恒数出发做一些小改动是没有意义的。

近年来，一个被称为“大数学”（googology）的休闲数学分支出现了，它唯一的目的是通过定义和命名更大的整数来寻找真正大数的边界。当然，谁都能想到一个比所说的数字都大的数字。比如我说“葛立恒数”，你可以说“葛立恒数 +1”，或者“葛立恒数的幂”，甚至是“$G_{64}\uparrow\uparrow\uparrow\cdots\uparrow G_{64}$ 与 $G_{64}{}^{\uparrow\cdots}$”（大约是 G_{65}）。然而，所有这些扩展，包括重复使用同类运算符，并没有跳脱出葛立恒数的框架，都不能带来根本性的变化。换句话说，这将是一个与葛立恒数本身大致相同的方式，使用类似的技巧组合产生的数字。对真正的大数学研究者来说，混合使用现有的函数和数字来扩大已经存在的大数这种行为是在制造“沙拉数字”，会受到鄙视和反对。葛立恒数的创立来源于引入向上箭头的概念，并将它发挥到极致。相比之下，沙拉数字只是在葛立恒数的基础上加上了一些无关紧要的东西。大数研究者们追求的不是幼稚的、适度的增长，而是创造出一个让葛立恒数体系相形见绌的体系。有这样的一个系统可以无限增长下去,它被称作“快速增长层级”,因为它允许有惊人的增长速度。更重要的是，主流数学家们充分尝试和检验过这个体系，因此它现在经常被作为产生新大数的方法的标杆。

关于快速增长层级，首先我们要知道两件事。第一件事，它是由一系列的函数组成的。函数在数学中表示一种关系，一种从输入到输出的关系或规则。把函数想象成一台小机器，将一个值总是经历相同的过程转化为另一个值。这个过程可能是，例如要表示“在输入量的基础上增加 3”，如果我们称输入为 x，函数为 $f(x)$，那么可以写成 $f(x)=x+3$。

第二件事是，快速增长层级使用序数对函数进行索引，这意味着一个过程要执行多少次。在上一章讨论无限时，我们接触到了序数概念。序数是指一个物体在一个序列中的顺序或在列表中的位置，序数既可以是有限的，也可以是无限的。大家都很熟悉有限序数，如第五、第八、第一百二十三，等等。但是除非对数学有较深入的了解，否则没有人听说过无限序数。事实证明，在试图寻找和定义一个非常大的数（不过是有限的）的过程中，有限序数和无限序数都非常有用。使用有限序数对函数进行索引，可以帮助我们得到一些合理的大数。但是当使用无限序数来控制一个函数的执行次数的过程时，快速增长层级就体现出了产生大数的强大能力。

快速增长层级的起点非常简单。它最开始是一个函数，表示在一个数字上再加上 1，我们称这个起始函数为 f_0。假设起始数字是 n，则 $f_0(n)=n+1$。目前这还不会为我们产生大数，它只是在以 1 为单位进行计数，让我们继续下一步，转向 $f_1(n)$。$f_1(n)$ 是将 $f_0(n)$ 重复输入 n 次的函数，换句话说，$f_1(n)=f_0(f_0(\cdots f_0(n)))=n+1+1+1\cdots+1$，则我们可得总和为 $2n$。同样，这样的运算看上去让我们快速进入大数方面的印象并不令人深刻，但是这展示了快速增长层级中具有神奇魔力的过程：递归。

在艺术、音乐、语言、计算机和数学领域中，递归以各种形式出现：它们指的是总能反馈自身的事物。在某些情况下，递归带来的只是无休止的重复循环。例如，有一个笑话词汇表条目："递归。请务必返回。"精细设计的递归出现在莫里斯·埃舍尔的作品《画廊》（1956）中，这个画廊中展出了一张图片，上面画着城市中的一家画廊，其中展出了一张图片，上面画的城市中有一家画廊……在工程领域，递归的一个经典体现是反馈，在那里，系统的输出会返回作为输入的过程。在舞台表演中，表演者（如摇滚乐手）常遇到一个熟悉的问题：如果将麦克风放在与它相连的扬声器面前，则麦克风接收到的声音从扬声器中传出，经过放大，然后以更高的音量重新进入麦克风再次放大，如此反复，直到很快出现熟悉的刺耳的叫嚣声。数学中的递归也与这些思路类似，只是用函数去替代了一个电子系统，如麦克风－放大器－扬声器组合，并对着自己发声——它将输出的结果重新当作输入数据代入到函数中去。

我们在快速增长层级的阶梯上已经达到了 $f_1(n)$。接下来将 $f_1(n)$ 递归 n 次产生 $f_2(n)$。我们可以把它写成 $f_2(n)=f_1(f_1(\cdots f_1(n)))=n\times 2\times 2\times 2\cdots\times 2$，其中有 n 个 2。这与指数函数 $n\times 2^n$ 相同。假设 $n=100$，则 $f_2(100)=100\times 2^{100}=126,765,060,022,822,940,149,670,320,537,600$ 或者大约 1270 亿万亿万亿。假设这个数目是存款额，则是连比尔·盖茨都不敢想象的财富数字。但是对于之前提到的众多大数而言，如 googol，它还很小。这个数甚至比有史以来最大规模的诉讼案还要小——涉及的赔偿金是 2 万亿万亿万亿美元。2014 年 4 月 11 日，曼哈顿居民安东·普里斯玛声称自己在纽约市公交车上被一只感染了狂犬病的狗咬伤。在一份长达 22 页的手写诉状中，普利斯玛声情并茂地进行控诉，还附上了他中指上缠着巨大绷带的照片。他的起诉对象包括纽约交通局、拉瓜迪亚机场、奥邦帕恩（因为他坚称自己经常在这里被多收取咖啡费用）、霍博肯大学医学中心以及其他数百人，要求的赔偿金额比地球上所有的钱还多。2017 年 5 月，他的案件被驳回，理由是“缺乏法律或事实的可论证基础”。幸好，普利斯玛还没有掌握快速增长层级这样的数学知识，不然更大的起诉案件可能会接踵而来。此前他也起诉过几家大银行，还有郎朗国际音乐基金会和中国政府。

函数 $f_3(n)$ 由重复 n 次 $f_2(n)$ 形成，可以得到一个略大于 2 的 n 次方的 n 次方的 n 次方……总计 n 个 n 次方的数。这样形成的数达到了此前挑战葛立恒数时提到的两个向上箭头（或迭代幂法运算）的量级。继续以同样的方式计算下去，我们可以发现，$f_4(n)$ 包含三个向上箭头，$f_5(n)$ 包含四个向上箭头，以此类推，序数每增加一个，就增加一个向上箭头，直到将向上箭头的数目增加到 n−1。这样产生的数字将我们带入日常的大数领域——甚至也包括喜欢诉讼的普里斯玛。但是，一次只增加一个向上箭头在合理的时间里是永远无法达到葛立恒数的，更不用说任何更大的数字了。要想我们的数一鸣惊人，我们得做出一些小突破。为了达到真正巨大的有限数，我们必须使用无限的数字。

正如上一章提到，自然集合最小的无限数的大小是 $\aleph_0$，我们已经知道，尽管 $\aleph_0$ 本身无法改变大小——换句话说，它包含多少元素——但是集合的长度可以根据内容的组织方式而改变。$\aleph_0$ 最短的无限序数集合是 ω，下一个最短的是 $\omega+1$，然后是 $\omega+2$、$\omega+3$，以此类推，永无止境。这些无限序数是可数的，因为它们可以按照一定的顺序排列，它们可以作为我们想要找到的最大的有限数字的跳板。首先，让我们来探索一下 $f_\omega(n)$ 的含义，这个函数是以最小的无限序数为索引。前面讨论过，对于 ω，我们不能简单地做减法然后应用递归，因为不存在 ω－1 这样的东西。相反，我们将 $f_{\omega}(n)$ 设定为 $f_n(n)$。当然这并不是说 $\omega=n$，我们要探究的是用比 ω 小的（有限）序数来表达 $f_{\omega}(n)$，因此要简化函数以便于我们的计算。但是我们不能直接忽略 $f_{\omega}(n)$ 而写为 $f_n(n)$，虽然这一步得到的结果相同，但这样快速增长层级的关键步骤带来的巨大力量就无法发挥了。一旦我们从 $f_{\omega}(n)$ 走向 $f_{\omega+1}(n)$，戏剧性的事情就会发生。请记住，当索引函数的序数增加 1 时，前一个函数就会反馈自身重复 n 次。如果使用有限序数会产生固定数量的向上箭头，那么使用 ω 则会增加 n−1 个向上箭头；使用 $\omega+1$，则让向上箭头再增加 n 次。这样的递归会让数值发生翻天覆地的变化。

为理解这一点，我们以 $f_{\omega+1}(2)$ 为例，使用我们的递归规则，它等于 $f_{\omega}(f_{\omega}(2))$。因为我们定义 $f_{\omega}(2)$ 与 $f_{\mathrm{n}}(2)$ 相同，因此可以将 $f_{\omega+1}(2)$ 写作 $f_{\omega}(f_2(2))$，只是将最里面的 ω 换成一个 2（在我们算出内部的 f_{ω} 的值之前，我们求不出外部 f_{ω} 的值）。结果是，$f_2(2)=8$，则函数 $f_{\omega+1}(2)$ 可以表示为 $f_{\omega}(8)$。最后我们可以简化最外层的 ω，得到 $f_8(8)$，这个数有 7 个向上箭头。虽然这能将 $f_{\omega+1}$ 与向上箭头的关系表示出来，但是我们还是没有清楚地了解到这个过程的神奇之处在哪里——因为数字还不够大。只有 n 足够大时，将输出值不断反馈所能得到的数字将出奇快地增长。当 $n=64$，则 $\mathrm{f}_{\omega+1}(64)$ 已经接近葛立恒数。在下一步，快速增长

层级将使得 $f_{\omega+2}(n)$ 进入一个新的领域，因为它把所有用以达到葛立恒数水平的数学机制又重新反馈进函数来计算。出来的结果我们大致可以用 $G_{G...64}$ 来表示（在 G 的基础上构建了 64 层），尽管我们要捕捉到这个数的一点概念都太难了。

可数无限序数可以无穷延伸下去，每下一个序数是前一个函数的递归。这个函数的威力完全让之前的序数相形见绌。单单是 ω 本身就形成了一个如此长的序列，可以延伸到 ω 的 ω 次幂塔。这个数被称作 ε_0，巨大到我们日常所使用的皮亚诺算术体系都无法描述它。在 ω 永恒之路上每走一步，递归产生的有限数字就会急剧膨胀到一个无法理解的数量。但在最高的 ω 幂塔之外，还存在一级级更高的无限序数—— ε，ζ……无穷无尽，就像上一章对无限的探索那样。这些越来越大的序数带来层层增加的反馈值，最终我们可以得到一个巨大的序数，被称作伽马零（Γ_0），或更宏大的菲弗曼 – 舒特序数，是由美国哲学家和逻辑学家所罗门 · 菲弗曼和德国数学家卡尔 · 舒特首次定义的。虽然 Γ_0 仍然是可数的，而且在它之外还有许多可数序数，但要真正定义它，则需要使用不可数序数（不能通过重新排列 $\aleph_0$ 元素了，而需要 $\aleph_1$ 或者更多的元素）。这个过程使人联想到快速增长层级本身是如何实现快速增长的。正如要在快速增长层级中使用无限序数来描述巨大的有限数，我们也需要使用不可数序数来描述真正巨大的可数无限序数。菲弗曼 – 舒特序数及由此递归产生的巨大有限数已经找不出恰当的词来形容了，也没有哪个数学家有足够大或足够聪明的大脑来掌握这递归衍生出的大数。但是，这并不能阻止他们寻找产生更大的数的更强大的方法。其中一种著名的方法是树（TREE）函数。

顾名思义，数学意义上的树的外观可以是从地上生长的树，也可以是家族树，都是由一根树干上不断地伸出新的枝丫。数学意义上的树是数学中所谓图的一种特殊类型。图通常是画在坐标纸上的表格，其中一个值与另一个值相对应。但是我们讨论的与树相关的图是另一种类型：它们是表示点（称为结点）通过线段（称为边）连接数据的方式。如果从一个结点开始，沿着边移动到其他结点，然后返回到开始结点，中间没有重复经过任何边或者结点，则这个路线被称作“循环”，且称该图是“循环的”。如果从任意结点出发移动到另一个结点，沿途不重复任何一条边或者一个结点，则所走的路线称作“路径”，且称该图是“连接的”。树被定义是一个连接的但没有循环的图。家族树和生物学的树都有如此的结构。如果为每个结点指定一个唯一的编号或颜色，则称作这棵树为“已标号的”。此外，我们还可以指定一个结点作为树的“根”，这样我们就有了一棵有根的树。有根的树的作用在于，对于任何结点，我们都可以找到一条路径回到根。

有些数学意义上的树与真实的树具有相同的分支结构，可以与同种类的其他树相匹配，它们被称为“嵌入同胚”，这是一个奇特的说法，意思是它们在形式或外观上相似，其中一棵树就像是另一棵树的缩小版。当然，数学家对树的定义更精确一些。他们从一棵大树开始，看看通过以下两种不同的方法能修剪多少：第一种，如果有一个与两根树枝连接的结点（根结点以外），那么它可以删除，这样两条边合成一条边；第二种，如果一条边只连接着两个结点，那么这条边可以压缩，两个点则可以合二为一，新结点的颜色是原来接近根的那个结点的颜色。通过以上步骤，如果一棵大的树可以被“修剪”为一棵小的树，则小的树可以称为大的树的“嵌入同胚”。美国数学家和统计学家约瑟夫·克鲁斯卡尔证明了一个与这种树有关的重要定理。假设这些树有一个序列，第一棵树只有一个结点，第二棵树最多有两个结点，第三棵树最多有三个结点，以此类推，并且上一棵树不可以同胚嵌入到任何下一棵树中。克鲁斯卡尔发现，这样的序列总在某个时刻会结束。那么问题是，它可以有多长呢？

作为回应，美国数学家、逻辑学家哈维·弗里德曼——在1967年被《吉尼斯世界纪录大全》列为世界上最年轻的教授（斯坦福大学的一名助理教授，年仅十八岁）——定义了树函数TREE(n)为该序列的最大长度。弗里德曼接着研究了不同n值的函数输出，第一棵树由一个具有特定颜色的单个结点组成，颜色只能使用一次。如果n=1时，则颜色只有这一个，序列会立即停止，因此TREE(1)=1。如果n=2，就多一种颜色，则第二棵树最多可以包含两个结点，所以它包含两个这种颜色的结点。第三棵树中结点也必须只包括这种颜色，但只能有一个结点，否则第二棵树会同胚嵌入第三棵树。之后，不能产生更多的树了，因此 TREE(2)=3。但是弗里德曼发现，当我们达到 TREE(3) 时，最大的冲击来了。由于突然爆发的复杂性和延伸性的增长，结点的数目远远超过了葛立恒数，达到了小维布伦序数的值，在快速增长层级中，这是我们在各种无限大之旅中至今遇到的一个非常不小的数字。

大数学——对越来越大的数字进行定义的摸索，越来越热门，甚至产生了一些大数竞赛。第一个是 2001 年由美国数学天才戴维 · 莫斯组织的“大数烹饪赛”。参赛选手们需要用 C 语言编写不超过 512 个字符长（忽略空格）的计算机程序，来生成尽可能大的数字。在整个宇宙的生命周期中，没有一台目前使用的计算机能完成他们所提交的任何程序，因此这些程序的条目都只能通过人工分析，并根据它们在快速增长层级中的位置来排序。获胜的是新西兰选手拉夫 · 劳得创造的以其名字命名的程序 loader.C。要想算出这个数，需要一台内存大得离谱的计算机花费长得不可忍耐的时间来计算。如果能做到的话，将会生成劳得数字——一个已知大于 TREE(3) 的整数。同时它也比大数宇宙中其他一些“居民”更大——如 SCG(13)，次立方图的数字序列（与 TREE 序列相似，但是它由每个顶点最多连接着三条边的图形组成。）中的第 13 个数字。

2007 年，一场名为“大数决斗”的竞赛在曾经是研究生同学的麻省理工学院哲学家阿古斯丁 · 拉约（外号“墨西哥增殖怪兽”）和普林斯顿大学哲学家阿达姆·埃尔加（外号“邪恶博士”）之间展开反复较量，以角逐出谁能定义出最大的整数。这场混合着喜剧、复杂数学、逻辑、哲学思辨的数学大战在麻省理工学院斯塔塔中心一个拥挤的房间里举行，其戏剧性宛如一场世界级拳击大赛般精彩又有娱乐性。埃尔加乐观地以数字 1 开局，大概是希望拉约今天的比赛打得轻松些。但拉约很快以整个黑板的 1 作为反击。埃尔加立即在几乎所有 1 的下面划了一条线，只留下两个 1，从而将它们变成了阶乘符号……随着这样的决斗继续进行，数字最终超越了熟悉的数学领域，直到对阵双方不得不发明自己的符号来表示更大的数。据报道，在比赛中，一位观众对埃尔加写出的一个数提问：“这个数真的能够被计算机算出来吗？”埃尔加稍加停顿，然后回答说：“不能。”最后拉约给出一个致命一击的数，他描述这个数是“比任何由一阶集合论语言中，包括 googol 符号在内，或更少的表达符号所命名的有限正整数都大的最小正整数”。这个拉约数字到底有多大，我们无法得知，可能永远也无法得知。人和机器都无法计算它，即使允许进入一个可以容纳 googol 符号或更多的宇宙。问题是，没有足够的时间和空间：拉约数字是不可计算的，就像停机问题一样不可计算。

现在，当谈论到我们容易感知到的最大正整数时，拉约数字或多或少划清了我们已知和未知的边界。有一些更大的数字被发现出来并命名，其中最著名是 2014 年宣布的 BIG FOOT。但是要想粗略了解 BIG FOOT，就意味着我们要进入一个叫作

“oodleverse”的陌生领域，学习“一阶 oodle 理论”的语言——这是一个需要我们有更高的数学水平，以及更高的幽默水平来解决的绝佳冒险。毕竟，迄今为止所有能达到的最大命名的大数都建立在拉约数字同样的体系之上。

为在无穷的数字空间中进一步深入，大数研究者必须依托旧的方法建立或者开发新的方法，就像把航天器送入物理太空探索一样，这依赖于推进技术大大小小的完善。目前，大数探索者们可能需要依赖拉约使用的相同技巧，但是可以将它们与增强版的一阶集合论相结合。例如，他们可能会加一些公理，让一阶集合论可以进入更大的无穷世界，以求在未来产生出打破所有纪录的有限数字。

坦白来讲，大多数数学家并不只是为了定义巨大数字而执着于探索大数，就像他们努力拓展已知的 π 位数一样。对大数理论家来说，大数学是个娱乐竞技场，它是智力领域的男子气概体现以及纳斯卡赛车联赛一般的存在。同时，大数学也不是毫无用处。它暴露出我们目前数学领域的局限性，如同我们用世界上最大的望远镜窥探太空来推进物理的边界一样。

人们很容易认为，像拉约数字这样的巨大数字让我们更接近无限。但事实并非如此。无限的数字也许可以用来产生有限的数字，但不管我们找到的数字有多么高，永远没有一个点让“有限”与“无限”相融合。事实上，与我们小时候数 1、2、3 相比，寻找更大的有限数并没有朝无限走近一步。

第十二章　弯曲、伸展，怎么样都可以

一个孩子的……第一个几何发现是拓扑学的……如果你让他学着画一个正方形或三角形，他会画出一个封闭的圆形。

——让·皮亚杰

拓扑学正是一门允许从局部走向全面的数学科目。

——勒内·汤姆

有这么一个过时的玩笑，问："什么是拓扑学家？"答："一些分不清楚甜甜圈和咖啡杯的差别的人——或者更准确地说，一些根本不在乎它们差别的人。"在拓扑学中，甜甜圈和咖啡杯的形状是等价物，因为（假设它们是用黏土之类的物质制作出来的）其中一个形状可以逐步变形成另一个形状：咖啡杯的把手变成甜甜圈的洞，剩下的咖啡杯慢慢变成甜甜圈的圈。“洞”在这里有着明确的定义。在拓扑学中，一个“洞”必须有两端，并且穿过整个形状，就像甜甜圈的形状那样，学名叫“环面”。而这个“洞”与日常生活中的一些洞不太一样，像在地上挖一个坑就不是拓扑学上的洞，因为它不具有两端，并且可能通过不断变形而消失（慢慢被填平）。简而言之，拓扑学就是研究当某样东西扭曲变形（只要不在其中打洞或者将其切割）时，还能保持不变的性质的学科。它是几何学的一个现代分支，其研究成果十分奇妙，常出现在生活中一些意想不到的地方。

2016 年诺贝尔物理学奖授予三位英国科学家邓肯 · 霍尔丹、迈克尔 · 科斯特利茨和戴维 · 索利斯，以表彰他们致力于研究物质所谓的异常状态。在某些条件下，例如非常低的温度，材料的特性会意想不到地发生改变。1980 年 2 月的一天早晨，德国物理学家克劳斯 · 冯 · 克利青将一个过冷的超薄硅条放在一个强大的磁场中做实验，他发现了一些奇异的现象。硅只在一些特定尺寸的小块中开始传导电流：最小尺寸的小块、两倍尺寸的小块、三倍尺寸的小块等等，要么一点电流都没有——没有像平时状态下电流那样的中间量。这种现象被称为量子霍尔效应，冯 · 克利青因为阐明了这个理论而获得了 1985 年诺贝尔物理学奖。很明显，硅已经跃迁到了某种新的物理状态，此时它的原子一定发生了重新排列。然而理论家们很难解释这种重排是如何在硅层中发生的，硅层太薄了，里面的原子没有上下移动的空间。科斯特利茨和索利斯想出了一个新颖的主意。他们发现，随着硅的冷却，形成了旋转的硅原子对，然后在转变的临界温度下自发地分离成两个微型旋涡。索利斯开始研究这些旋转跃迁背后的数学问题，并发现这些问题可以用拓扑学来表述。材料中的电子正在经历变化，形成一种被称为拓扑量子流体的状态，在这种状态下，它们只能以整数步的方式集体流动。霍尔丹则独立发现，即使没有强磁场，这些流体也能自发地出现在半导体的超薄层中。

2016 年诺贝尔奖在斯德哥尔摩宣布后，一位诺贝尔委员会委员站起来，从纸袋里抽出一个肉桂面包、一个百吉饼（硬面包圈）和一个瑞典椒盐卷饼。这些食物无疑在各方面都很不同，比如味道有甜有咸，外观各不相同。但对于拓扑学者来说，它们最重要的区别只有一个，即洞的数量——肉桂包 0 个、百吉饼 1 个、椒盐卷饼 2 个。这位委员解释道说，该项诺贝尔奖的得主们找到了一种方法，能将突然出现的异变物理状态与拓扑学中的变化相联系——实际上是底层抽象结构的“洞的多少”问题。通过这种方式，他们为拓扑学产生神奇结果的数学学科找到了一个全新的、无比重要的新应用。

将同一幅照片冲印两张，一张平放在桌子上，另一张随意揉成一团，只要不撕碎就可以，然后将它放在没有揉过的照片上。可以保证，在揉成一团的照片上至少会有一个点直接对应原照片的同样位置。（严格地说，在数学中我们将物质视为连续量，而在现实中物质是颗粒状的，因为它们是由原子等组成。但结果对近似以后的值仍然有效）。在三维空间中也是如此，例如，不管你搅拌一杯水多久，搅拌后至少有一个水分子还停留在原位。20 世纪初，这首次由荷兰数学家鲁伊兹 · 布劳威尔证明出，此后被称为布劳威尔不动点定理。

布劳威尔在 1912 年还首次证明出另一个奇怪的结果——毛球定理，尽管这个定理早些时候由著作颇丰的法国数学家亨利 · 庞加莱提出。该定理指出，无论你如何梳理一个全是毛发的毛球，你也不能把毛发全部梳平，总会有些毛发在某一地方笔直地立起来。布劳威尔（以及庞加莱）实际上谈论的不是毛球，而是在与球体相切的连续向量场中，至少有一处向量为 0（与球体成直角）。但是两者其实是同样的内容。根据这一定理，在更实际的条件下，由于风沿地球表面吹的速度是一个向量场，地球上某个地方必然没有风。另外有一个与不动点定理密切相关的真理——博苏克 – 乌拉姆定理，讲述了气象学中一个不可思议的现象：在任何给定时刻，地球存在两个温度和气压完全相同的对称点。也许你会认为这是偶然事件，但是博苏克 – 乌拉姆定理从数学上证明了它的必然性。

由博苏克 – 乌拉姆定理得出的另一个奇怪但真实的事实是“火腿三明治定理”。用火腿和奶酪随便做一个三明治，我们总有方法将三明治分成面包、奶酪和火腿含量都一模一样的两部分。事实上这三种配料甚至不需要接触：面包放在面包箱里，奶酪放在冰箱里，火腿放在厨房的橱柜台上面。或者，它们处在银河星系中的不同地方也可以，但总能找到一个平坦的切片（也就是一个平面）将它们平分。

所有这些奇怪的定理，不动点定理、毛球定理、博苏克－乌拉姆定理和火腿三明治定理，都是从拓扑学（topology）的沃土中衍生出来的——*tópos* 是希腊文表示“地点”和“位置”的词语。拓扑学在日常生活中我们一般不会经常听到。大家都很熟悉几何学，一门历史悠久的学科，研究形状、大小、物体的相对位置等，研究对象包括三角形、椭圆、角锥和球面等。拓扑学与几何学相关，同时与集合论有关，它研究的是“拓扑不变量”，即前面提到的，图形在弯曲或形状拉伸也依然保持不变的性质。这样的不变量例子包括：所涉及的维数和连通性，或某物是由多少个独立的部分组成。

拓扑学的起源可以追溯到 17 世纪，德国数学家戈特弗里德·威廉·莱布尼茨提出了将几何学分为两个部分的可能性，分别是：位相几何学，关于位置的几何学；位相分析学，关于位置的分析或分解。前者涵盖了我们在学校学到的那些熟悉的几何知识，涉及角度、长度和形状等概念，而位相分析学则涉及独立于这些概念的抽象结构。瑞士数学家莱昂哈德·欧拉随后发表了第一篇关于拓扑学的论文，他提到一个问题，在普鲁士的老海港城市哥尼斯堡（现在俄罗斯的加里宁格勒）周围，不可能找到一条路刚好将周围的七座桥都经过一遍。这个结果

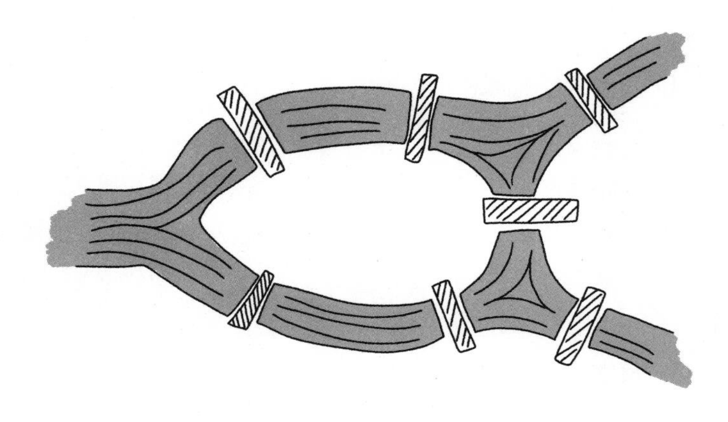

哥尼斯堡七座横跨普瑞格尔河的桥

的产生并不取决于测量，如桥梁的长度或它们之间的距离，只取决于它们与陆地（也包括河中的岛屿和河岸）的连接方式。他发现了解决此类问题的一般规则，并由此在拓扑学内产生了一个新的研究领域，即图论。

欧拉还发现了一个适用于多面体（具有平面多边形面的三维物体）的现在很著名的公式：$v-e+f=2$，其中 v 是顶点（角点）的数目，e 是边的数目，f 是面的数目。同样，这个结果也属于拓扑学范畴，因为它涉及的几何性质并不取决于测量。

拓扑学中另一位先驱者是奥古斯特·莫比乌斯，他对一个如今以他的名字命名的半扭曲的环进行了探索，尽管他的同胞约翰·利斯廷在早莫比乌斯几年的 1861 年就公布了自己对这个环的发现。如果把一张纸条扭曲 180 度，然后将两端粘在一起，

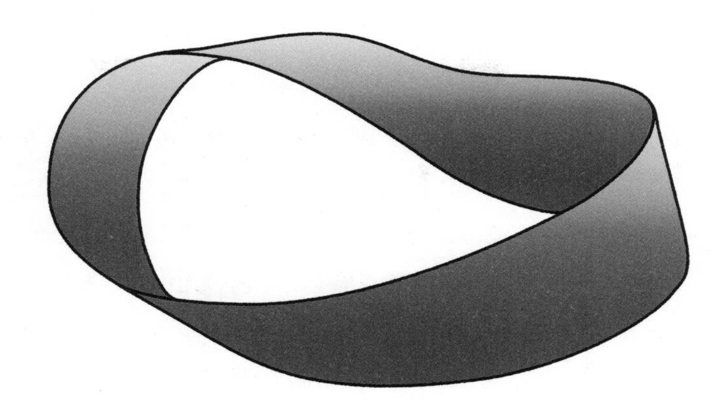

莫比乌斯环是在三维空间中只有一个面的图形

会产生一个只有一个表面的形状——在纸带中间用铅笔画一条线，这条线可以一路沿着纸带回到原点，这一事实很容易证明。经过扭曲并连接两端形成的莫比乌斯环，在拓扑学家看来成了与普通纸条或者开口的圆柱体都截然不同的东西。这说明，一旦一个形状被撕裂，或者两端相连，它就会成为拓扑学上新的东西。这就引出了拓扑学的另一个特点，正如2016年诺贝尔物理学奖得主发现的那样，很适合用来描述系统状态下的突变。

在普通几何学中，所有图形都被看作刚性的、不可改变的。一个正方形总是一个正方形，一个三角形总是一个三角形，一个图形永远不能突变成另一个图形。直线必须完全保持是直的，曲线保持是弯曲的。然而，在拓扑学中，形状可以失去其结构，变得灵活，但基本属性保持不变——前提是它们在任何点不被切割，或分开的部分也不被合拢。例如，一个正方形可以拉伸和变形，直到变成三角形，但是拓扑属性不变：两者被称为“同胚”。同样，两者也与实心圆（内部为实心的圆）相同。在三维空间中，立方体与球体（具有实心内部的球面）在拓扑学中同胚。换言之，拓扑学中将立方体的表面和球面的表面视作一样。然而，环面或甜甜圈的形状与球面有着根本的不同，无论怎样拉伸它们也不会变得相同。

一个形状中的洞的数目被称为“属”。因此，球面和立方体的属为 0，普通甜甜圈的属为 1，两孔环面的属为 2，以此类推。三维拓扑学中还可以考虑更多复杂的因素，如周围空间的结构等，这是允许形状形成“纽结”的条件。令人困惑的是，在纽结理论中，大多数我们学习系的结其实根本就不是纽结。数学结与鞋带或其他绳子系的结并不同，因为它的两端连在一起，所以根本无法解开。

可以被真正视为数学结的，是诸如一个存在于三维欧几里得空间中的圆，或者任何的闭环。不管怎么拉伸和扭曲，它都无法解开。它形成的唯一方法是将一根绳子的两端连起来，例如粘在一起。使用这种方法打出来的最简单的纽结是“解结”，一个单纯的环。在此基础之上，数学结变得更加复杂。

最简单但又很重要的一个结是三叶形纽结，这是人们用绳子打结时常形成的一种结的两端相连之后形成的形状。更复杂的是八个结的形状，或者是由几个基本结组合而成的形状。例如，两个常见的结——方结（也称为平结）和祖母结等，都是由两个三叶形组结形成的。

第一个从数学角度对结感兴趣的数学家是德国数学家卡尔·高斯。在19世纪30年代，高斯想出了一个计算链环数的方法。链环数是表示在三维空间中两个闭合曲线互相缠绕多少圈的数字。链环和结一样，是拓扑学的核心概念。数学结和链环在自然界中也会出现，如在电磁学、量子力学以及生物化学中。

就像存在“解结”一样，也存在“解链”这样的形状，它就是两个不以任何方式相连的独立圆。结是由单个的圆组成的简单数学链环，但加上更多圆后，链环能够变得更复杂。霍普夫链环由两个相连的圆组成，其得名于德国拓扑学家海因茨·霍普夫，尽管高斯早在一个世纪前就研究过它，而且长期以来一直在艺术品和象征主义中出现。创立于16世纪的日本佛教派别真言宗丰山派，在饰章中使用了这个形状。更神奇的链环形状是博罗米恩环，它由三个圆组成。博罗米恩环不太寻常的地方在于，尽管三个圆没有哪一对是两两相连，三个圆却是连接在一起的。也就是说，如果三个圆中任意一个被拿走，另外两个就会很容易分开。这个形状的名字来自意大利的贵族——博罗梅奥家族，他们将这个形状作为盾形纹章的一部分，但这个标志可以追溯到古代。在维京人的工艺品瓦尔结（又称“杀戮之结”）和奥丁三角形中，以三个互锁的三角形的形式出现。这样的图案在许多宗教中也有所出现，包括古老的基督教教堂的装饰中，它象征着神圣的三位一体。

在生命本身的化学组成中，结和链环的结构也常常出现。众所周知，蛋白质有能力折叠成某些特定的形状，这种特性对它们在生物系统中的运作方式至关重要。在20世纪90年代中期，生物学家们惊讶地发现，蛋白质可以折叠形成结，甚至可以产生一些链环。在日常生活中形成一个结，我们往往需要某种细心的线编制，但很难看出一个蛋白质是如何做到自发地自我组装同时设法自己打上结的。事实上，基于能量因素考虑，大多数用于预测蛋白质折叠结果的数学模型，都明确排除了产生打结结构的可能性，因为——这感觉太不可能了。对研究人员来说，努力探究打结的蛋白质是如何折叠的，以及它们为什么要打结，这是一个方兴未艾的议题。

在2017年初，曼彻斯特大学的一个化学家团队宣布，他们创造了有史以来最紧密的结。它由用链相连的192个原子组成，大小仅为百万分之二毫米——比人类头发还细20万倍。这些碳、氮和氧的原子形成了一条与自己交叉八次的线，并卷成一个圆形三螺旋，每个交叉点之间，也就是决定结的紧度的距离仅仅有24个原子。

在科学界，还有其他意想不到的拓扑结构被发现，最令人惊讶的就是之前我们提到过的莫比乌斯环。2012年，格拉斯哥大学的化学家宣布，他们在环中加上一个钼氧单元（分子式为Mo_4O_8），将一个对称的圆环状分子变成了不对称分子。加入新的单元使得环呈半扭曲状，从而形成一个莫比乌斯拓扑结构。

制作一个莫比乌斯环简直可以说是小孩子的游戏，但制作一个只有单面的克莱因瓶则并非易事。克莱因瓶得名于最早描述它的德国数学家费利克斯·克莱因。最初，它可能被称作“克莱因面”，而后被误传成“克莱因瓶”。无论如何，后者的名字被保留下来，可能有助于给予物体更广泛的识别，尽管“克莱因面”能更好地描述它的形状。

与莫比乌斯环不同，克莱因瓶没有边缘或边界，这是与球面共有的属性。可球面有里面和外面之分，而克莱因瓶没有。克莱因瓶的两面是相同的，因为它只是一个单平面叠在自身之上。对于这样的东西，我们并不是特别熟悉。在现实世界中我们习惯了物体，如泡泡、盒子、红酒瓶，都有明确的里外区别，因此它们具有一定空间的体积。但是克莱因瓶没有将空间分为

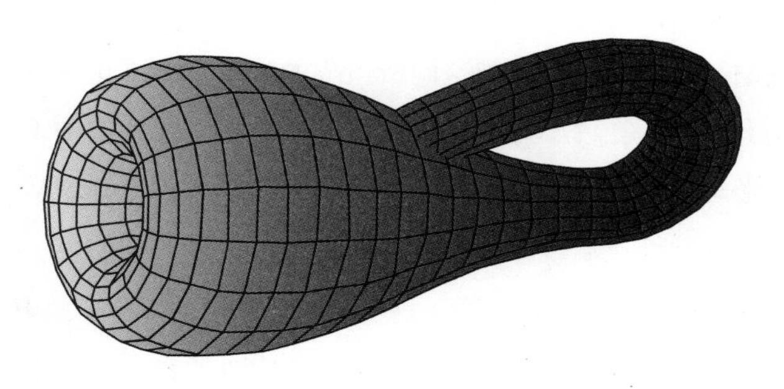

一个三维渲染的克莱因瓶模型。它没有内外之分，实际上是同一个面。这个形状通常无法实现（它在三维空间内并不相交），所以克莱因瓶只能与自身相交。

里外两个不同的区域，所以什么也包不住，因此体积为0。

球面、环面和莫比乌斯环都是可以“嵌入”三维空间中的二维表面的例子。“嵌入”在数学中有精准的定义，但是在日常用语中我们可以把它看成是将一个空间“粘”在另一个空间里。重要的是要记住，球面、莫比乌斯环、克莱因瓶和其他几何物体都是抽象的，它们的属性并不取决于所处空间的性质，如空间有多少维度，是平的还是弯曲的，等等。但是在嵌入过程中它们的某些特性会发生一些改变。例如，一个环面可以嵌入三维空间，这是我们经常看到的方式，然后它会出现一个洞——一个真正的数学意义上的洞——并且有内部和外部的区别。

有些年龄大的读者可能还记得一款经典的街机游戏：《小行星》。玩家操控一艘飞船，不断攻击挡路的行星和偶尔出现的飞碟。乍一看，这款游戏与经典的甜甜圈形状的环面没有共通之处，但其实在拓扑结构上它们是一样的——都是“超环面的”。甜甜圈的洞，是环面嵌入三维空间所造成的特征，并不是所有环面的固有属性。在《小行星》中，它潜在的环面拓扑结构不是以洞的形式出现，而是以物体从屏幕的一边消失，又立刻从另一边出现这种性质展现出来的。环面也可以嵌入四维空间，一个可能的结果是克利福德环面，以维多利亚时期的数学家威廉·金顿·克利福德命名，他也是首次指出引力可能受我们所处空间几何影响的人。克利福德环面不像我们熟悉的环面具有内部和外部的区别，不分割空间，因此没有内部和外部。

这就像克莱因瓶一样。奥地利－加拿大数学家莱奥·莫泽以打油诗的形式描述了克莱因瓶最初想法的由来：

> 一个数学家叫克莱因，
> 觉得莫比乌斯环特别神。
> 他说：你若能将两个环的边用胶水粘连，
> 组成的怪瓶就和我的不差毫分。

这便解释了为什么克莱因瓶没有边界——当两条莫比乌斯环（一左一右）的边缘连接在一起，就会形成一个在所有点上平滑连接的连续表面。克莱因瓶的另一种制作方式是从一个长方形开始，将两个相对的边连接成一个圆柱体，再将另两个边进行半扭然后连接起来。第二步听上去很简单，但在三维空间中无法实现。只有在四维空间中，这个表面才能在没有孔的情况下通过自身。不过这点困难并没有阻止人们制造克莱因瓶的三维模型，这些模型不完全是克莱因瓶的样子，但几乎可以将它模拟出来。例如在伦敦科学博物馆就有一件产品，是著名的艺术鉴赏家、加州奥克兰的克利福德·斯托尔（经营 Acme Klein 酒瓶公司）和英国贝德福德的艾伦·贝内特（喜欢各种克莱因瓶）制作的一系列克莱因瓶之一，是他们对莫比乌斯环进行大于 1 的奇数次扭转而形成的。这些工匠创造出的作品被数学家称为克莱因瓶的三维“浸入”模型。“浸入”和“嵌入”的区别是技术性的，但归根结底克莱因瓶的三维模型（即“浸入”模型）始终和穿过自身的表面产生一个交点。而一个真正的抽象克莱因瓶和四维“嵌入”模型是没有这个交点的。

克莱因瓶以及任何平面的另一个重要特点是定向性。我们在物质世界中遇到的大多数表面都被认为是可定向的，也就是说，如果你在曲面上画一个小小的圆形箭头，顺时针或逆时针指向，然后将箭头沿着曲面滑动一圈，再回到它开始的位置，箭头仍然指向同一个方向。这在球面或环面上也能发生，因此它们都是可定向曲面。但是在克莱因瓶和莫比乌斯环上，箭头就可能变为反向，因为这些平面是不可定向曲面。

拓扑学家们在脑海中花了许多时间，在不同维度空间之中穿梭。因此，他们想出一些词，以便在事物做这种“维度跳跃”时进行概括，如之前提到的“嵌入”和“浸入”两个术语。另一个这样的词是“流形”，这是“表面”一词在其他维度中的概括。根据定义，“表面”是二维的，所以与其说“二维表面”（这是同义反复），不如说是“二维流形”。球面、环面、莫比乌斯环和克莱因瓶都是二维流形的例子。前三个可以嵌入三维之中，但克莱因瓶不可以。直线和圆是一维流形，尽管我们不能很好地将它们形象化，还有“三维流形”和“四维流形”等也是。最简单的三维流形之一是三维球面。正如普通球面（二维球面）定义了三维中球体的边界一样，“三维球面”定义了四维中球体的边界（是个三维物体）。我们无法想象这个球体的三维模拟的表面是什么样的，更别说更高维度上的边界了，但是，尽管有这些障碍，数学家具备处理它们的所有工具。

在更高维度中加工成形会带来惊喜，例如圆在四维中不能连接在一起，也不存在普通的结。在更高维度中也同样如此。然而，在四维世界中，有一些奇怪的事发生：球面本身可以打结。当然，我们无法想象这样的画面，就像一个二维生物也无法想象圆可以打结而不用与自身相交。

与其他数学领域一样，拓扑学是一门动态学科，每年都有新的发现，也会有一些新问题或老问题仍待解决。在拓扑学中，也是在整个数学中，最重要的猜想之一是庞加莱猜想。当然，说它重要并非它具有明显的实际用途，它不能（至少目前不能）帮助我们更快地前往火星，也不能延缓衰老。数学家们对它的兴趣是纯理论性的，比如用来给高维度的曲面或流形分类。

这个猜想最初是由亨利·庞加莱于 1900 年提出来的，庞加莱是拓扑学的奠基人之一，他是那个时代所有数学领域的专家，被一些人认为是“最后的数学全才”。庞加莱提出了“同调”的方法，简单来说，这是定义流形中的洞并对其进行分类的一种方法。但数学中的洞可不像听上去那么容易。它有时候躲躲藏藏，不像椒盐卷饼或旧袜子上的洞那样显而易见，很容易数。例如《小行星》里的二维空间在拓扑学上是环面的类比物，尽管环面看起来有一个明显的“洞”，但《小行星》中的空间似乎没有任何洞。请记住，数学上的洞是抽象的东西，比甜甜圈上的更难想象，并且被“环”包围。因此同调也可以定义为一种分析流形中不同类型的“环”的方法。

庞加莱最初的猜想是，同调足以判别任何给定的三维流形在拓扑学上是否与三维球面等同。然而，没过几年，他发现了“庞加莱同调球面”，从而推翻了自己的猜想。庞加莱同调球面不是真正的三维球面，却与三维球面有同样的同调物。经过进一步的研究，他重新阐释了自己的猜想。简单来说就是，任何有限的三维空间，只要其中没有洞，就可以连续变形成为一个三维球面。人们在 20 世纪做了很多努力，但这个猜想仍未得到证实。人们认为它非常重要，在 2000 年，克莱数学研究所将其列入世界七大数学难题，解开难题的人将获得 100 万美元奖金。三年后，俄罗斯数学家格里戈里 · 佩雷尔曼在证明一个与之密切相关的问题——瑟斯顿的几何化猜想的同时，证明了庞加莱猜想。

2005 年，佩雷尔曼被授予“菲尔兹奖”——可以说是数学中最有声望的荣誉，常常被认为相当于诺贝尔奖。紧接着在 2010 年，克莱数学研究所宣布他有资格领取解开难题的 100 万美元奖金。然而，他显然出于道德方面的考虑，拒绝了这两个奖项。首先，在他看来，这些奖项没有承认其他人的重要贡献。佩雷尔曼认为自己的研究建立在美国数学家理查德 · 汉密尔顿研究的基础之上，但是这没有被组委会承认。其次，他也对一些缺乏良好品行的学者感到不悦。特别是中国数学家朱熹平和曹怀东在 2006 年发表了一篇关于汉密尔顿 – 佩雷尔曼定理的验证，似乎暗示这是他们自己的成果。后来，他们撤回了题为《庞加莱猜想暨几何化猜想的完全证明：汉密尔顿－佩雷尔曼理论的应用》的原始论文，并发表了一篇更为谦逊的声明。但是在佩雷尔曼看来，这种行为已经对他造成了伤害，并对这种行为未被该领域其他人批评感到失望。2012年，在接受《纽约客》采访时，他说："只要我不引人注目，我就有选择权：要么做一些不那么高尚的事（对所察觉到的违反道德的行为气急败坏），要么如果不做这种事，像宠物一样乖乖遵守业界规则。但现在我既然受到大家这么多关注，就不能乖乖当宠物，什么也不说。这就是为什么我只好选择退出。"现在佩雷尔曼是完全退出数学界，还是在默默地做一些研究，我们不得而知。当然，佩雷尔曼的确不是喜欢站在聚光灯下的那种人。他在获得克莱数学研究所的奖项后说："我对名利没有兴趣，我不想当动物园里被人观赏的动物。"然而他依然因为最终解决了拓扑学中最困难也最重要的问题之一而留名青史。

另一个拓扑学上著名的难题是三角剖分猜想，这个难题也在最近被解决了——但这次是证伪了。简要来说，这个猜想是假设每个几何空间都可以分成更小的部分。例如，对球面来说，我们可以用三角形完全铺满它的表面。一个正二十面体——由等边三角形构成的有20个面的多面体——是对球面的粗略近似，但我们可以用任意多的或任意形状的三角形来无限地改进它。一个环面也可以用同样方式进行三角剖分。一个三维空间可以被切割成任意数目的四面体。但是，有没有可能用一个三角形的高维等价物对所有高维的几何对象进行三角剖分？2015年，加州大学洛杉矶分校的罗马尼亚裔数学教授奇普里安·马诺列斯库证明出——结果并非如此。马诺列斯库是一名神童，是国际数学奥林匹克竞赛中唯一一个连续三次获得满分的人。他2000年初在哈佛大学读研究生时第一次接触到三角剖分猜想的问题，当时他认为这是一个“无法解决的问题”。但几年后他发现，他博士论文写的一个理论——弗勒尔同调理论，正是解决这个问题所需要的。借助使用早期的工作成果，他证明出存在一些七维的流形无法三角剖分，因此推翻了三角剖分猜想。这是一项了不起的成就，因为若使用其他方法，连四维空间中的三角剖分都很难计算出来。

20世纪80年代初，美国几何学家威廉·瑟斯顿（2012年去世）设想了一个可以识别任何三维流形的计划。在二维空间中，人们已经能够做到。二维流形包括球面、环面、两孔环面、三孔环面，等等。我们还可以加上不可定向曲面，如克莱因瓶和射影平面（将两个朝向相同的莫比乌斯环的边缘连接在一起）。瑟斯顿使用了一种允许多个二维流形用多边形方法表示的技术。例如，如果取一个正方形连接其相对的边，则可以得到环面。两孔环面更难一些，但是瑟斯顿找到了办法。他通过连接嵌入双曲平面八边形的某些对边来表示两孔环面。这种嵌入能够有效避免当八边形是欧几里得几何时出现的困难。在这种情况下，两孔环面有一个点是所有八边形的顶点共有的，其角度总和有1080度，而不是要求的360度。在双曲几何——鞍形曲面上的几何中，或更准确地说，以恒定的速率与球面反向弯曲的图形——一个尺寸正确有45度角的八角形，从而解决了该问题。

瑟斯顿试图在三维空间中也这样做。二维空间中有三种类型的均匀几何：椭圆几何、欧几里得几何和双曲几何。椭圆几何和欧几里得几何可以很容易地嵌入空间中，但双曲几何不能，这也解释了为什么它很晚才被发现。在三维中，这三种几何图形都有类比物，但还存在别的一些形体，总共有八种几何形体。其中，双曲几何是最复杂和最难处理的，就像它在二维中一样。2012年，伊恩·阿戈尔列举了所有双曲几何的流形（当时是唯一没有全部发现的流形）。他使用了乍看起来与原始问题不相关的方法，例如他使用由不同维度的立方体组成的复合物，并分析将这些立方体平分的超平面。这些流形有着实际的应用。例如，一些宇宙学家认为整个宇宙的几何形状是椭圆形的，是一个有限流形，具有十二面体的结构，存在一些特定的面。这种流形可以用阿戈尔的方法进行分类。

当然，在拓扑学中仍然有许多未解决的问题，随着已知边界的拓宽，我们会了解到更多的未知领域。拓扑学不再是一个世纪或更久以前的小众专门的、不切实际的学科了。它有着无数的现实世界应用，包括机器人学、凝聚态物理学和量子场论，而且拓扑学的思想在当今数学的每个分支中几乎都可以找到。

第十三章　人与神的界限

“证明”在法律诉讼中是如此：两方的证明各自是一半事实，合在一起形成一个完整事实。但是在数学中，一半的证明等于0，并且要求证明每一个疑点变得越来越不可能。

——卡尔·弗里德里希·高斯

“证明”就是纯数学家在其面前折磨自己的魅影。

——亚瑟·爱丁顿《物理世界的本质》

数学可能是所有学科中唯一可以达到绝对确定性的学科。命题和定理在毫无疑问地被证实后，它们永远不可能再被推翻。这就是为什么数学如此痴迷于证明。一旦某些东西被严格地证明，就可以信心满满地把它加入我们已知的知识体系，并为未来的研究埋下坚实的地基。但令人沮丧的是，晴朗的数学天空中始终笼罩着一团乌云：在任何数学体系中，可以说，总有一些东西无法从自身体系内部证明或证伪。

大约在 1941 年，奥地利出生的逻辑学家库尔特 · 哥德尔证明了上帝的存在。在普林斯顿高等研究院，哥德尔是爱因斯坦的密友。爱因斯坦常常在不可知论和泛神论之间徘徊，曾说自己相信“斯宾诺莎的上帝”的存在。但哥德尔不同，他是一个从不去教堂的有神论者，据他妻子说，他“每个星期天早上都在床上读《圣经》”。然而，他发表的关于上帝存在的证明很大程度上是从数学角度的高级逻辑思辨提出的，而不是人们常识中的那些东西，也与他的路德宗信仰无关。他的第一行话是这样写的：

$$\text{“}\{P(\varphi) \wedge \Box \forall x[\varphi(x) \to \psi(x)]\} \to P(\psi)\text{”}$$

接下来写的就无法简单清晰地表述了，但它以一个妙句结束：

$$\text{“}\Box \exists x G(x)\text{”}$$

对我们这些凡人来说，这样的句子译过来，也许就是“类似神的东西必然存在”。

不消说，哥德尔对上帝存在的证明受到了许多质疑。尽管他的证明过程的严密性看起来令人印象深刻，具有“模态逻辑”的标准符号形式，但其中包含了很多可疑的假设，这纯粹是一个观点问题。但哥德尔后来的一项成果——著名的震惊世界的不完全性定理——就并非如此了。

“证明”对不同的人有不同的意义。在法律界，它有若干种特色，取决于案件种类和法庭的类型。法律上的证明归根结底与证据相关。根据民事和刑事案件的不同要求，能够说服法官和陪审团的证据在质量和数量方面有不同的标准。在民事案件中，法官根据盖然性权衡做出判断：如果法官得出“较有可能”或“合理怀疑”的结论，那就可以判有罪。在英美刑事案件中，被告被假定是无辜的，除非证明有罪——“证明”意味着不仅仅是可能有罪，而是在“排除合理怀疑”意义上的有罪。

科学家和律师一样,更多的是研究证据而不是证明。事实上，现代科学家在他们的主张中相当谦虚，避免谈论任何绝对意义上的“证明”或“真理”。科学最重要的是进行观察，提出最符合数据的理论，然后用更多的观察和实验来检验这些理论。科学理论永远只是暂时性的，只是当时最好的解释世界运行方式的想法。一旦出现新的观察结果，如果被证实，就足以永远推翻这个理论。以重力为例，亚里士多德一直相信重的物体比轻的物体下落得更快。毕竟，如果你同时扔下一块石头和一根羽毛，显然石头落得更快。但是时隔近两千年后，科学家们用一些聪明的实验证明了亚里士多德的错误。有一个吸引人的传说，伽利略曾在1589年爬上比萨斜塔的顶端，然后同时扔下两个不同重量的炮弹，并注意到它们同时着地，从而彻底推翻了关于重力的旧观念。这件事可能并没有发生过：唯一的原始记载是他的学生温琴佐·维维亚尼撰写的伽利略传记，这部传记在维维亚尼死后很久才出版。确定发生的是，伽利略做了不同重量的球从斜面上滚下来的实验，这是一种稀释重力影响的绝妙方法，这样他就可以精确测量物体下落的速度。伽利略的实验结果，还有德国天文学家约翰内斯·开普勒的实验结果，被艾萨克·牛顿用来提出一项新的引力理论。现在学校里依旧在教这项理论，它能帮助航空规划人员设计穿越太阳系的宇宙飞船的行驶方向，并且在几乎所有你需要知道存在重力影响的领域都能得到应用。当然，只是“几乎”。问题是，它并非在每种情况下都能给出准确的结果。牛顿的万有引力理论是一个非常非常好的近似值，好到当它算出的结果与实际不同时你常常都感觉不到。但它算出的终究只是：一个近似值。1915年，爱因斯坦发表了广义相对论，这是目前最好的引力理论。它解释了牛顿的理论无法解释的东西，比如水星轨道的移动，其星光在经过太阳附近时弯曲，以及在引力非常大的极端情形下，黑洞附近的引力情况等。但是没有人相信爱因斯坦的广义相对论是关于重力的最后一个理论——不可能是，因为它不能解释重力在极微小的世界中如何运作，只有量子力学才可以。一定存在某种理论能把量子理论和重力理论结合在一起，只是我们目前还没有找到它。

归根结底，我们有可能证明一个科学理论是错误的，或者能证明它最多只是一个近似值，但不可能证明它在所有情况下都是正确的。我们今天还不知道未来会发现什么，它也许一直在等待时机推翻我们今天想出来的最好理论。但在数学上，情况则完全不同。

证明是所有数学的核心。在学校中，我们学习的常常是如何解决问题，不会经常遇到如何证明问题。但是在高等数学中，证明是王道，也是数学领域所有研究者的最终目标。数学理论可以毫无疑问地被证明，一旦证明了，它们就永远不会改变。例如，关于直角三角形边的毕达哥拉斯定理，已经被确凿地证明了：任何人都不可能在某些假设下发现它是错误的（接下来会讨论这些假设）。事实上，在人类探索的所有领域中，数学和它的表亲逻辑学是独一无二的，因为它们能够做到绝对确定。

和科学家一样，数学家在提出完整的理论之前，最初可能会先去寻找某些证据——也许是几何学中的规则或数字之间的模式。但与科学不同的是，在新数据的基础上不断改进理论是无止境的循环。数学中某个定理在不同情况下或使用不同的数值，无论经受了多少次检验，它的真理性永远不会被接受。数学定理的唯一检验方法，就是有人能提出完善的证明方法，保证这个定理绝对没有错误。这种证明是可能的，这意味着数学家并不特别看重证据本身。

证明的历史始于古希腊。在此之前，数学在很大程度上是一门实践性学科，用于计算、建筑等。它具有能适用于形状和空间的一些算术规则和经验法则，但是在此之下没有其他基础的部分。大约在公元前 7 世纪，随着已知最早的自然哲学家之一、米利都学派的泰勒斯的研究活动，证明的概念开始出现。泰勒斯的兴趣几乎遍及哲学、科学、工程学、历史和地理学等所有学科，他证明了几何学中一些早期的简单定理。在之后大约半世纪，他的同胞毕达哥拉斯出生了，并提出了一些以其命名的定理，因而对大多数人来说更知名。是不是他或他的门徒首先提供了某种形式的“毕达哥拉斯定理”的证明，我们已经无法得知，因为在那个年代这样的书面记录没有留存下来。巴比伦人和其他一些民族的人知道这条规则，即直角三角形最长边的平方等于另两边的平方之和，并将其应用于建筑方案中。但谁首先证明了这一点，又具体以何种形式证明，是未知的。按照后来的标准，这种证明肯定是一个非正式的证明。毕达哥拉斯学派的人也参与了无理数的发现——那些不能用一个整数除以另一个整数来表达的数。同样，毕达哥拉斯学派的信徒希帕索斯，通过某种方式证明了 2 的平方根不能用分数来表示。这个想法的根源很难追溯，但传说已形成。这件事对教派的其他人来说是无法接受的，据说他们因此淹死了希帕索斯，以掩盖毕达哥拉斯学派世界观中的缺陷。然而，为数不多的古代资料记载了这个溺水的故事，要么没有提到希帕索斯的名字，要么说他是因为另一个罪行而被溺死的——他证明了球面内可以绘制出十二面体，这简直是对神明的亵渎。

通过另一位希腊人欧几里得的成果，数学证明向前迈出了巨大的一步，并达到了今天我们所知道的某种形式。公元前3世纪之交，欧几里得生活在埃及的亚历山大港。在《几何原本》一书中，他使用了一些不证自明的基本假设与逐步推理相结合的方式，这奠定了现代证明理论的基础。其中每一步都是从一个或多个基本假设出发，在证明过程中，从上一步引出的过程都逻辑严密、无可反驳。

《几何原本》主要关于几何学，并首次为许多希腊人已经知道的几何学定理提供了严密证明。欧几里得一开始就提出五个核心假设——后来被称为欧几里得公设。例如："直线段可以通过任意两点画出"和"直线段可以无限延伸"。很明显这些假设是真的，即不证自明，现在我们将它们称为"公设"。这些公设即使要证明，也要涉及其他假设。事实上，我们总得有个起点。欧几里得在提出他的假设之后，开始一步一步推理，每一行都是按照前一步滴水不漏的逻辑进行，直到他对一些定理或其他定理有了完整的证明。然后他可以使用这些定理来证明其他定理，以此类推。这种完全有序、分步进行的方式，使得读者可以很容易地遵循和检查。

《几何原本》中所阐释的几何——即欧几里得几何——在一千多年的时间里基本上没有遇到挑战。但此后，一些数学家开始质疑这项伟大工作所依据的一个公设。欧几里得的前四个公设是简单、直接和没有争议的，但第五个公设，即所谓的平行公设，则更复杂，也不那么显而易见。欧几里得最初是这样描述的："同一平面内的两条直线与第三条直线相交，若同一侧的两个内角之和小于两直角，则该两直线必在这一侧相交。"后来，数学家们发现了不那么复杂的描述。如苏格兰数学家约翰·普莱费尔就提出了一个等效的平行公设："在一个平面内，给定一条线和一个不在直线上的点，则经过这个点有且仅有一条直线与已知直线平行。"平行公设还有许多等效的表述，其中最容易理解的可能是三角形的内角和是180度。但是，不管用什么表述方法，第五个公设似乎比其他四个更不明显、更模糊。后来的数学家普遍怀疑，用前四个公设来证明第五个公设的可行性。在欧几里得之后一千多年，一些阿拉伯数学家开始质疑平行公设的有效性，并首次暗示了在《几何原本》之外可能存在的一些几何现象。

19世纪上半叶，匈牙利的亚诺什·鲍耶、俄罗斯的尼古拉·罗巴切夫斯基和德国的卡尔·高斯三位数学家发现，如果将平行公设去掉，并不会让欧几里得的几何系统崩塌，但是会产生一种全新的几何，这就是著名的双曲几何，来自希腊语的"太多"，意思是欧几里得的平面有太多的空间。双曲几何具有恒定的负曲率，这意味着它们以和球面弯曲完全不同的方式，在以固定速率弯曲。在双曲几何中，三角形的角度加起来小于180度，毕达哥拉斯定理不再成立。这并不意味着欧几里得几何和他对毕达哥拉斯原理给出的证明是错误的。在欧几里得提出的公理下，毕达哥拉斯定理被证明一直是正确的。只是，如果这些公理发生改变，那么不同形式的几何学就会出现，应适用不同的公理。以否定代替第五个公设，产生了一种全新的几何——双曲几何。同样的效果适用于任何数学体系：改变基本公理将开辟一个新的数学领域，不同的规则就会开始发挥作用。毕达哥拉斯定理可用欧几里得定义的一组公理集——五个公设来证明。但抛开第五个公设后，产生了一个非欧几里得的几何学，在其中毕达哥拉斯定理是错误的。数学家还发现了另一种几何形式，同样否定了第五个公设，并要求第二个公设——“直线可以无限延伸”——被修改为“直线不能无限延伸”，就像在球面的表面上一样。这第二种非欧几里得几何学被称为椭圆几何，由德国数学家伯恩哈德·黎曼开创。

欧几里得向世人展示了如何正确精准地进行数学证明，还展示了如何使用在一个领域定义的同一套公理来涵盖数学领域是可行的。在《几何原本》之后，他还写了其他书，用他的五个公设证明了几何之外的各种定理。例如，第一次重新阐述这些假设并应用于数论，他证明了有无限多个质数（只能被自身和 1 整除的数）。现代数学家则采用同样的方法，在他们学科中的某个领域选择可以广泛应用的公理来作为证明的起点。只是他们不使用几何学公理，而是使用一个更抽象的数学领域分支——集合论。

集合论的先驱者同样也是——并非巧合——无限数学的先驱者：德国数学家乔治·康托尔和理查德·戴德金，我们在第十章提过他们。集合论之所以产生，是因为它既能处理有限数又能处理无限数。顾名思义，提供的是一套集合的理论——对象的集合，其可能是数字、字母表中的字母、行星、巴黎居民、集合的集合或任何可以想到的东西。在数学世界里，选择公理完全自由，可以选择支撑着许多不同形式的集合论的各种公理。今天大多数数学家使用的通常好用的一套理论恰好是策梅洛－弗兰克尔集合论（Z–F 集合论）。在这个理论基础上增加一个特殊公理——选择公理（AC），整套理论通常被称为“ZFC 理论体系”。ZFC 体系中的许多公理是显而易见的，例如“具有元素相同的两个集合是相同的”之类。但选择公理更为复杂。事实上，它被称为自欧几里得平行公设之后最具争议的公理。

简单来说，选择公理表示的是：在一系列集合组成的集合中，总有可能从每个集合中选出一种独特的元素来组成一个新的集合。这在日常生活中似乎是显而易见的，例如，我们可以从世界上每个国家挑选一个人，将他们放进同一个房间里。但问题在于，如果有无限多个大小是无限的集合，那么如何做到这一点呢？在这种情况下，可能没有明确的方法来进行选择。选择公理因此有点像一种强加的要求，并不是每个人都能同意。但即便如此，目前绝大多数数学家都愿意接受这个公理，因为它是证明许多重要定理所必需的。这也导致了一些乍看似乎很反常的结果。其中一个是巴拿赫－塔斯基悖论或分解，我们在第九章中已经提到过，它坚持认为有可能将一个球切成有限多个部分，然后重新排列这些部分，能制作出同一个球的两个复制品，从而使原始体积翻倍。这种切割只能在抽象的意义上进行——即数学上——而不是在现实生活中。这听起来更像是魔术，而不是数学。但是有了选择公理，就有可能将分割的球的中间部分认为是没有确定体积的不相连的云，并可以重新组合成两倍（或者说一百万倍也可以）的体积。

考虑到数学家可以自由选择喜爱的公理集，似乎是他们最终能选择一个最适合的公理体系去证明任何数学中有效的命题。换言之，有了正确的公理，就应该能够证明任何数学上正确的东西。在 20 世纪初，大部分理论家没有怀疑这一点，他们积极寻找一个可证明所有定理的完备的数学体系。其中突出的是德国数学家大卫·希尔伯特，他以现代数学的许多发展成果而闻名。他列出了他认为当时最重要的二十三个数学未解问题。1920 年，他提出了一个题目，证明所有的数学定理都源于一个正确选择的公理体系，且这个体系中不存在不一致性。十年后，奥地利（后来是美国）数学家、逻辑学家和哲学家库尔特·哥德尔发表了他的成果，将这份雄心彻底粉碎。

哥德尔离开奥地利加入普林斯顿高级研究院，与爱因斯坦成为好友。在此前几年，1931 年，他发表了两个非同寻常的、令人震惊的定理：第一不完全性定理和第二不完全性定理。简单来说，第一不完全性定理的含义是：任何复杂到足以包含所有普通算术规律——即我们在学校学过的那些——的数学系统都不可能具有完全性和一致性。完全性指的是一个系统内部的所有东西都可以被证明或证伪，一致性指的是任何命题不可能既真又假。哥德尔的不完全性定理揭示了在任何数学系统中（除了最简单的），总有一些命题是真实的，但无法证明是真实的。这在数学界是一个晴天霹雳。这个不完全性定理在某些方面和物理学中的不确定性原理相类似，两者都限制了人们能够知道的事物的基本范围。这是令人沮丧和郁闷的，因为它们表明现实中——包括纯粹的智力世界中——不允许人类成为无所不能的存在。也就是说，真理是一个比“证明”更强有力的概念，这对数学家来说简直像诅咒一般。

只有数学家和逻辑学家在认识到建立有明确定义的公理集合支撑数学系统，从而使其形式化之后，哥德尔的工作和他惊人的发现才成为可能。欧几里得在古希腊时期就为这种方法指明了方向。但是，直到19世纪下半叶，集合理论和数理逻辑发展之后，数学证明过程的形式化才变得严格，并且它能够延伸到任何可以想象到的数学体系。由意大利数学家朱塞佩·皮亚诺创立的公理基础体系——包括我们最初在学校学到的那些关于自然数1、2、3……的算术——至今仍然被数学家使用，并且没有多大改变。在普通算术中的一些陈述，如“2+2=4”，似乎毫无疑问是正确的，以至于不明白为什么要去证明它——但这的确需要。在数学中，我们不能因为从小对它熟悉，就认为是理所当然的。在皮亚诺算术体系中，证明“2+2=4”这样的陈述是非常简单的，我们可以将数字“2”和“4”用更一般的形式表示为“SS0”和“SSSS0”,其中“S”代表数字的“后继”。同样，要证伪“2+2=5”这样的陈述也很容易，但正如你所料，你无法证伪“2+2=4”或证明“2+2=5”。如果皮亚诺算术体系只能处理这样基础的算术问题，那不会有太多用处，但它事实上能够处理比这复杂得多的算术命题，并且数学家们最初认为，只要有足够的时间，这些命题每一个都可以被证明或证伪。但是我们由哥德尔的第一不完全性定理知道，事实并非如此。

作为一个例子，哥德尔选择了一个皮亚诺算术体系中的特定陈述，其从算术体系内部既不能被证明，也不能被证伪。哥德尔进一步指出：如果这样的陈述能被证明，则它为假（可以被证伪）；而如果它可以被证伪，则同样也可以被证明——无论哪种方式，如果皮亚诺算术体系是具有完全性的，则它不具有一致性。我们当然也可以退而求其次，放松对皮亚诺的完全性的要求，仅仅要求证明皮亚诺算术体系和其他数学体系具有一致性。但是哥德尔第二不完全性定理随即将这个希望也一起打碎了。这项定理表明,任何能证明一个体系具有一致性的方法(从该系统的内部)，也同样证明了它的不一致性。然而，并不是所有数学家都认可哥德尔在一致性问题上具有绝对的话语权。

找到证明算术公理体系的一致性，被列在大卫·希尔伯特

1900 年著名的数学未解决问题列表（当时）中的第二项。1931 年，哥德尔似乎从根本上否定了这个可能性。但就在几年后的 1936 年，德国数学家和逻辑学家格哈德 · 根岑发表一篇论文证明了皮亚诺算术体系的一致性。根岑在 1935—1939 年担任希尔伯特在哥廷根的助手。表面上看，他得出的结论与哥德尔完全相反。但是与哥德尔不同，根岑没有试图从皮亚诺算术公理体系内部证明它的一致性。相反，他求助于某些序数的特性，特别是一个非常大的序数 ε_0（康托尔的命名，我们在第十章中碰到过它）。这个数字是如此巨大，不属于皮亚诺算术体系。但根岑发现，它可以用来表达和证明一些皮亚诺算术体系不能证明的东西，特别是它自身的一致性。

根岑的方法可以推广开来证明许多系统的一致性，只要构造出一个足够大的序数。事实上，每个数学系统都有一定的“序数强度”，决定了系统能够表达和不能表达的序数。例如皮亚诺算术体系的序数强度为 ε_0，这意味着皮亚诺算术体系可以表达 ε_0 以下的任意序数，但不包括 ε_0 本身。更大、更包容的系统具有更大的序数强度。对于 ZFC 体系，序数强度未知。根岑让我们已知的是，ZFC 体系可以用某些公理来增强（称为“大基数公理”），以描述远远超出 ZFC 体系所能表达的基数，从而产出具有更大的（但又未知的）序数强度的更强大的系统。

对于希尔伯特的第二个问题，即能否找到证明算术公理体系一致性的方法，数学家们仍存在一些分歧。有些人赞成哥德尔的消极观念——这样的证明永远无法找到——而另一些人则赞成根岑的部分积极解决方案。在任何情况下，这个问题都不会影响哥德尔定理的中心思想，即在某些数学系统（如皮亚诺算术体系或 ZFC 体系）的内部，某些命题是不可判定的。也许我们能以一个不同的系统来论证这些命题（就像根岑做的那样，假设一种使用序数增强的简单算术形式），但我们仍然不知道那个新体系是否具有一致性，只能就这么接受它。

不完全性定理于 20 世纪 30 年代初发表，之后的三十年里，除了哥德尔自己的证明中使用的那些精心设计的例子外，很少有不可判定的例子被发现。接着，在一个自 1873 年由康托尔提出以来便一直困扰数学家的问题上，迎来了重大突破。这就是我们在第十章中提到的连续统假设。连续统假设认为可数序数集的基数 $\aleph_1$ 与实数集的基数相同，即可数序数的数量与实数的数量（直线上点的多少）一样。如果连续统假设是真的，那么在整数与实数之间就没有基数。尽管康托尔本人一生做了无数次尝试，但他始终无法证明出这一点，这也许间接导致了他此后精神异常。希尔伯特对这个假说也非常看重，把它列为二十三个数学未解问题之首。一直到 1963 年，美国数学家保罗·科恩通过自己的研究将连续统假设的状态确定了下来——即使没有完全解决。科恩表明在 ZFC 体系（连续统不仅仅存在于这个体系内！）中，这个现代数学中应用最广泛的公理基础——即连续统假设，具有不可判定性。他发现，有可能提出两套包含 ZFC 体系的所有公理且本身一致的公理体系，连续统假设在其中一套中是成立的，在另一套中不成立。简单地说，从 ZFC 体系内部，连续统假设既可以被证明，也可以被证伪，这取决于我们选择哪些附加规则。在没有附加公理的 ZFC 体系中，证明和证伪连续统假设都不可能。

正如我们所见，即使在简单得多的欧几里得数学中，这种不可判定性也会出现。欧几里得早期的许多定理，包括前 28 个命题，都没有利用到他的第五个公设——关于平行线永不相交的那个公设。这些定理属于一个被称为“绝对几何”的体系——基于欧几里得几何公理体系的几何学，并去掉了第五个公设。在绝对几何中，毕达哥拉斯定理是不可证明的，因为在欧几里得几何学中它为真，而在基于欧几里得公理却没有平行公设的非欧几里得几何，如双曲几何中，它为假。同样，也有一些公理，例如那些被称为力迫法的公理，如果添加到 ZFC 体系中，则可以对连续统假设进行证伪，而其他公理，例如内模公理，如果添加到 ZFC 体系中，则可以对连续统假设进行证明。归根结底，在现有方法下，连续统假设是无解的。即使借助现代集合论这个强大工具，它覆盖了已知数学的所有领域，也仍然不可解决。然而，数学不断地进化与发展，人们仍然有希望通过使用一些新的技术，如大基数公理来获得一种解决方法。

数学界最著名但未经证明（直到最近）的一个定理是费马最后（大）定理。但这个名字不够好，因为它不是法国数学家皮埃尔·德·费马研究的最后一个定理，甚至严格说来在他提出时根本不是“定理”。更早的著作称之为费马猜想，这可能更准确。之所以称为“最后”定理，是因为这是他儿子塞缪尔于父亲死后三十年在其收藏的数学家丢番图《算术》一书的页边空白处发现的。费马定理很容易说明，即：对于 n 大于 2 的值，方程 $x^n+y^n=z^n$ 没有整数解。如果 n 等于 2，则存在无穷多个解，例如 $3^2+4^2=9+16=25=5^2$。但费马坚持认为，如果 n 大于等于 3，就根本没有解了。“我对这个命题有一个真正绝妙的说明，”他用拉丁文写道，“但此处空白太小，无法详述。”

费马毋庸置疑是一位伟大的数学家。在他发表过的数学证明中都找不出任何错误。他仅有一个猜想后来被证伪了，但费马本人也从未声称有证据证明。那么，他说的这句神秘评论是玩笑话吗？他这样说，是在挑战当代和未来的数学家来证明吗？当他说他想出了证明方法却写不下的时候，是在陈述一个事实吗？历史表明，这个问题还远远没有结束。随后的几个世纪，尽管数学家们前赴后继地努力，但是没有人能给出一个相对简单的证明。这种状况持续到 1995 年，距费马提出这个猜想过去了 358 年。此时我们已经可以使用比费马所在的 17 世纪先进得多的数学方法和思想，终于将费马猜想提升到一个被证明的定理的地位。

成功解开这个难题的是英国数学家安德鲁·怀尔斯。他十岁那年，从学校回家的路上，在当地图书馆的一本书中第一次读到费马的猜想，从那以后就着了迷。大约四分之一个世纪后，他开始认真地寻找一个证明——这个探索把他带到了一个与椭圆曲线和“谷山－志村猜想”的命题相关的数学领域，谷山－志村猜想是由日本数学家谷山丰和志村五郎在 1957 年提出的。怀尔斯在 1993 的一次讲演中宣布费马最后定理的证明，但随后发现这个证明有一个错误。仅仅两年后，在几乎放弃修正错误时，怀尔斯终于提出了一个完美的证明，将这个问题完美解决。尽管费马最后定理是最著名的数学难题之一，但对数学家来说并不那么重要，例如它并没有被列入希尔伯特的经典未解决的问题中。从另一方面来说，谷山－志村猜想能产生一些重要结果，将看起来完全不同的数学领域联系起来。

费马最后定理这种证明很难，因为它们很复杂，需要真正的灵感才能突破。其他一些难证明的命题则难在它们费力，需要花费大量的时间。所谓的四色定理，是指任何地图都可以用四种颜色着色，以使两两相邻的区域没有相同的颜色。1852 年，它首次出现于伦敦大学学院第一位数学教授奥古斯图斯 · 德 · 摩根在给他的朋友爱尔兰数学家威廉 · 哈密顿的一封信中。对这个问题的限定是，地图上的区域必须全部连接起来，这些区域必须位于平面上，并且任意两个区域必须实际共享一部分要连接的边界——单个点不算在内。这很难证明，单单理论的证明就不是一蹴而就的，但最大的问题是需要验证繁多的可能性。最终，经过一个多世纪的努力，数学家们在考虑了所有绘制地图的方法之后，将独特地形的地图总数量减少到 1936 种。即使这样，如果让一个人或者一个小组确认，一辈子也查不完，因此需要计算机来捣弄这些数字。1976 年，四色定理终于由伊利诺伊大学的肯尼斯 · 阿佩尔和沃夫冈 · 哈肯证明出来，并且用不同的程序和不同的计算机进行了复查。

尽管阿佩尔和哈肯非常仔细地对自己的结果进行了交叉验证，还是有许多数学家和哲学家们提出了强烈的抗议，认为计算机完成的证明要么不可靠，要么不合规，因为人类无法亲手验算。这场关于使用计算机来证明定理的辩论仍在持续，因为许多专家担心如果计算机出现故障或者软件运行过程中出现任何问题，结果都可能是不准确的。但是，由于需求的增长，随着时间推移，用计算机来进行验证的方法变得越来越普遍和可接受。近来兴起了一款“计算机证明助手”软件，它可以规定证明的格式，并校对是否出错，这无疑打消了许多怀疑者的顾虑。

拉姆齐理论是一个充斥着需要冗长证明的数学领域，其要点是说：如果你对任何集合中的元素进行上色，都无法避免出现一些特定模式。在拉姆齐理论中，有一个问题是“布尔毕达哥拉斯三元数组”。这个问题问的是：是否可能将每一个正整数都涂成红色或蓝色，使得满足 $a^2+b^2=c^2$ 的毕达哥拉斯三元数组的整数 a、b、c 都不是同一颜色。2016 年 5 月，玛里金 · 休尔、奥利弗 · 库尔曼和维克多 · 马雷克在奥斯汀的德克萨斯高级计算中心用世界上最快的计算机 Stampede 运行了两天，最后用

200 太字节的证明表明了这样上色的命题是不成立的。这个证明的长度是巨大的——假使一个人要阅读完这个证明内容，需要花上大约 100 亿年（大约是太阳的寿命），验证这个证明则需要更长时间。在未来我们可能还会遇到更长的证明，其中一个可能的定理是当 n=5 时的拉姆齐定理。我们已经知道，当一个图形有 49 个顶点时，如果每条边都以两种颜色中的一种来涂色，则至少存在 5 个顶点，使得在它们之间的所有边都是同一种颜色。人们还已经知道，对于有 42 个顶点的图形来说这不正确，但是要想找到最小值的证明，数学家可能需要发明出更强大的计算机了。

数学有时与它看起来的相反，它是一场无尽的冒险，通往人类智力所及的最奇妙、最天马行空的领域。它引诱我们认为数学普通且无趣，因为它的根基是熟悉的、相当简单的数字和形状。它最初是商人、农民、庙宇和金字塔建造者、四季变化和早期天象观测者的工具。但它绝不平凡——它渗透在我们所处的现实世界的方方面面，构成万事万物的支架。小到微观粒子，大到宇宙星辰，无不存在着数学。

我们大部分时间生活在自己所感受到的世界中，认为生活不过稀疏平常。但事实上并非如此，构成我们的原子，其中很大一部分原子核是源于宇宙中的巨大恒星的核心——我们几乎是星尘的产物。因此当我们仰望夜空，便能看到人类的最初起源。

我们的日常生存依赖于有机体内的化学物质所捕获的阳光，而这些有机体又是从我们这个年轻而荒凉的星球表面以某种方式涌现出来的更简单生物演化而来的。我们所处的这个时空是在140亿年前从一个难以想象的小点突然爆炸出来的，而现在正带着我们朝未知的方向急速前进。宇宙中95%以上的物质和能量都来自不知源头且神秘的暗物质和暗能量。当然，所有这些奇妙的演变，从亚微观到宇宙尺度，全都由看不见的数学之手在背后引导着。

有时我们会发现数学的某些方面，原本是为了自身发展而产生的，没有考虑它最终是否证明有用，结果却能意外地精确描述物质在一些特定情形下的行为，或亚原子粒子在接近光速的情况下碰撞时会发生什么。那些精彩的远足，如复杂拓扑学、高维空间、分形景观都能在物理学、化学、天文学及音乐中找到实际的应用。我们的每一次心跳、复杂的肺部结构、每一个神经突触产生想法，包括读到这里你现在所感受到的一切，都是由数学逻辑上的方程式和模型来支配的。

或许我们有时会认为数学脱离于现实世界，但它就在这里，此时此刻，就在我们做的每一件事、看到的每一个事物中。我们可能还会时常感到生活平淡无奇，但其实我们就身处不可思议的奇迹之中，而所有无比恣意的创造背后全是数学的奇妙与魅力。

致谢

在此，我们要感谢麻省理工学院的阿古斯丁·拉约、普林斯顿大学的阿达姆·埃尔加、萨塞克斯大学的温弗里德·海辛格，以及安德鲁·巴克阅读本书的部分手稿并提出建议。感谢 Oneworld 编辑萨姆·卡特和助理编辑乔纳森·本特利·史密斯，以及所有在设计和制作方面才华出众的人，没有你们的付出，这本书无法成功面世。我们还要感谢 T. J. 凯莱赫、卡丽·纳波利塔诺、海伦娜·巴泰勒米和 Basic Books 的其他团队成员帮我们修订美国版本。

阿格尼乔还希望感谢汉娜·杨女士、伊冯·欧布莱恩夫人，以及海伦·特里斯女士，三位优秀的老师给他带来灵感，激励他创作。同时，感谢布劳蒂费里的格罗夫学院全体工作人员的鼓励。最重要的是，他要感谢父母和弟弟提供的各种支持。

戴维希望感谢一如既往耐心的妻子吉尔，以及孩子和孙子们。同样永远感激他父母所做的一切。

图书在版编目（CIP）数据

亲爱的数学 /（英）戴维·达林，（英）阿格尼乔·班纳吉著；肖瑶译．-- 海口：南海出版公司，2023.4

书名原文：Weird Maths: At the edge of infinity and beyond

ISBN 978-7-5735-0313-8

Ⅰ．①亲… Ⅱ．①戴… ②阿… ③肖… Ⅲ．①数学－普及读物 Ⅳ．① O1-49

中国版本图书馆 CIP 数据核字（2022）第 222204 号

著作权合同登记号：30-2022-105

亲爱的数学

〔英〕戴维·达林　阿格尼乔·班纳吉 著
肖瑶 译

出　　版　南海出版公司　(0898)66568511
　　　　　海口市海秀中路 51 号星华大厦五楼　　邮编 570206
发　　行　新经典发行有限公司
　　　　　电话 (010)68423599　　邮箱 editor@readinglife.com
经　　销　新华书店

责任编辑　张　苓
特邀编辑　王　辉
营销编辑　崔航蔚
装帧设计　韩　笑
内文制作　贾一帆

印　　刷　北京盛通印刷股份有限公司
开　　本　850 毫米 ×1168 毫米　1/32
印　　张　8
字　　数　161 千
版　　次　2023 年 4 月第 1 版
印　　次　2024 年 9 月第 2 次印刷
书　　号　ISBN 978-7-5735-0313-8
定　　价　59.00 元